演習・基礎から学ぶ
大学の化学

梅本宏信 編／伊藤省吾・植田一正・梅本宏信
神田一浩・新部正人・原田茂治・平川和貴
藤本忠蔵・宮林恵子・盛谷浩右 共著

培風館

この本を手にした諸君へ

　大学の講義を担当していて，最近，質問に来る学生の数が減ったように思う。原因の一つに，スマートフォンの普及があるのではないかと思う。インターネット上で質問をすると，すかさず答えをいただけるらしい。確かにこれなら，匿名性もあり，教員のところへわざわざ出向く手間もない。便利な世の中になったものである。しかし，便利さの裏には思わぬ落とし穴があることも忘れてはならない。インターネットの質問箱の答えの中には，かなり無責任なものもある。学生の間であれば，インターネットの情報を鵜呑みにしても致命傷となることはないかもしれない。しかし，一歩社会に出てからでは，取返しのつかなくなることも十分ありうる。

　本書は，理工系の学部1年生向けの「化学」の演習書である。化学の講義で課題を出されたら，まずは何も見ないで，自分の頭で考えて欲しい。10分考えてわからなかったら，もう10分考えて欲しい。それでも糸口がつかめないなら，いったん考えるのをやめて，翌日教科書を見直して，もう一度考えて欲しい。それでもわからないときに，本書を開いてください。どこかに必ずヒントがあるはずである。

　試験対策としては，まずは「基本問題」からはじめてください。もちろん，余力のある人は「応用問題」「発展問題」とチャレンジしてください。また，大学院入試の対策は，1年次からはじめても早すぎることはありません。最近は大学院の入試でも，基礎の部分を重視する傾向があるようです。そのための演習書としても是非活用していただきたい。

　計算にあたっては，特に断らない限り，アボガドロ定数などの物理定数は付表の表4の値を，原子量は表5の値を使用していただきたい。有効数字の取り扱いについては，付録(1)を参照されたい。なお，本書は，「基礎から学ぶ大学の化学」(培風館，2011)の姉妹編として執筆されたものであるため，やや物理化学に重点をおく構成となっているが，特に教科書とセットとしてではなくても，十分活用できるように配慮したつもりである。

　最後に，問題作成にあたってご助言を賜りました静岡大学　学術院工学領域の古門聡士教授と出版にあたってお世話になりました株式会社培風館の斉藤淳氏，岩田誠司氏ほかの皆様に感謝の意を表します。

　2017年12月

著者を代表して

梅　本　宏　信

目　次

本書の「重要公式」で登場する
主な記号の意味と単位

記　号	意　味	単　位
第3章		
p	運動量	kg m s^{-1}
m	質　量	kg
v	速　度	m s^{-1}
K	運動エネルギー	J
F	力	N
q	電　荷	C
r	距　離	m
ε_0	真空の誘電率	F m^{-1}
k	クーロンの法則における比例定数 $=1/(4\pi\varepsilon_0)$	N m^2 C^{-2}
c	真空中の光速	m s^{-1}
ν	振動数	s^{-1}
λ	波　長	m
E	エネルギー	J
h	プランク定数	J s
m_e	電子の質量	kg
e	電気素量	C
第6章		
μ	双極子モーメント	C m
δ	移動した電荷	C
r	結合距離	m
第8章		
P	圧　力	Pa
V	体　積	m^3
n	物質量	mol
R	気体定数	J mol^{-1} K^{-1}
T	絶対温度	K
U	内部エネルギー	J
dq, q	熱の移動量	J
dw, w	仕事の移動量	J
H	エンタルピー	J
C_V	定容(定積)モル熱容量	J K^{-1} mol^{-1}
C_P	定圧モル熱容量	J K^{-1} mol^{-1}
γ	C_P と C_V の比	1
第9章		
S	エントロピー	J K^{-1}
G	ギブズエネルギー	J

第 10 章		
μ	化学ポテンシャル	$\mathrm{J\ mol^{-1}}$
C	モル濃度	$\mathrm{mol\ m^{-3}}$ $(\mathrm{mol\ dm^{-3}})$
K°	平衡定数	1
ΔG°	標準反応ギブズエネルギー	$\mathrm{J\ mol^{-1}}$
第 11 章		
f	系の自由度	1
c	成分の数	1
p	相の数	1
$\Delta_{\mathrm{v}}H$	蒸発(昇華)エンタルピー	$\mathrm{J\ mol^{-1}}$
第 12 章		
x	モル分率	1
K_{f}	モル凝固点降下定数	$\mathrm{K\ kg\ mol^{-1}}$
K_{b}	モル沸点上昇定数	$\mathrm{K\ kg\ mol^{-1}}$
m_{B}	質量モル濃度	$\mathrm{mol\ kg^{-1}}$
Π	浸透圧	Pa
第 13 章		
K_{a}	酸解離定数	1
K_{b}	塩基解離定数	1
K_{w}	水のイオン積	1
第 14 章		
k	反応速度定数	$\mathrm{s^{-1}}$（一次反応） $\mathrm{m^{3}\ mol^{-1}\ s^{-1}}$（二次反応）
t	時　間	s
A	頻度因子	$\mathrm{s^{-1}}$（一次反応） $\mathrm{m^{3}\ mol^{-1}\ s^{-1}}$（二次反応）
E_{a}	活性化エネルギー	$\mathrm{J\ mol^{-1}}$

1 原子の構造と電子配置

　物質は，原子や分子から成り立っている。水 18 g 中には 6.0×10^{23} 個の酸素原子と 1.2×10^{24} 個の水素原子が存在する。逆にいうと，原子とはきわめて小さなものであり，巨視的な世界に住む我々の常識が通じないことも多い。これについては，第 3 章で詳しくふれる。高校の化学では，「電子は原子核のまわりを円運動している」と教わったかもしれない。まずは，その考え方を少し改めていただかなければならない。

基 本 問 題

□ **1.** 酸素原子を 3.0×10^{22} 個含む二酸化炭素の質量を求めよ。また，酸素原子が 3.00×10^{22} 個の場合はいくらになるか。

【解】 酸素原子は，二酸化炭素 1 分子中に 2 個あり，二酸化炭素のモル質量は 44.0 g mol^{-1} である。よって，3.0×10^{22} 個を含む二酸化炭素の質量は，酸素の原子数の有効数字が 2 桁であるので，有効数字 4 桁のアボガドロ定数（6.022×10^{23} mol^{-1}）を用いて

$$\frac{3.0 \times 10^{22}}{2 \times 6.022 \times 10^{23} \text{ mol}^{-1}} \times 44.0 \text{ g mol}^{-1} = \underline{1.1 \text{ g}}$$

　3.00×10^{22} 個の場合には，有効数字が 1 桁多くなり

$$\frac{3.00 \times 10^{22}}{2 \times 6.0221 \times 10^{23} \text{ mol}^{-1}} \times 44.0 \text{ g mol}^{-1} = \underline{1.10 \text{ g}}$$

▶ **注**：上記のように，計算式中に単位も含めて記述する方が間違いを起こしにくいが，煩雑でもあるため，以降の解答では式中の単位は省略する。なお，単位を角括弧 [ ] で囲うことはしない。有効数字（物理定数の桁数）の取り扱いについては，付録(1)を参照。

□ **2.** 1911 年，ラザフォードは「薄い金箔にアルファ粒子（ヘリウム 4 の原子核）を照射すると，ほとんどは直進するが，ごく一部に 90° を越える角度で後方へ散乱されるものがある」という実験結果をうまく説明することに成功した。どのようなモデルで説明したのか。

【解】 原子の質量の大部分は，小さな正電荷を帯びた領域（原子核）に集中しており，そのまわりを負電荷をもった電子が取り囲んでいるというモデル。ラザフォード以前に提案されていた均一に正に帯電した媒体の中に多くの負に帯電した微粒子が分布しているというモデルでは，後方への散乱を説明することができない。

❑**3.** 化学用語としての「分解」と「分離」について，具体例をあげて説明せよ。

【解】　分解：化合物や単体を，その化学結合を切って構成成分に分けること。「化合」
の逆。たとえば，水を酸素と水素に分解する，窒素分子を窒素原子に分解する。

　　分離：混合物を濾過，蒸留などの物理的な手法により，その成分に分けること。
「混合」の逆。なお，同位体を分ける場合にも「分離」が使われる。たとえば，食塩
水を塩化ナトリウムと水に分離する，メタノールとエタノールの混合物からメタノー
ルを分離する，天然ウランからウラン 235 を分離する。

▶**注**：核反応に対しては，「分裂」「融合」「壊変」という言葉が使われる。

❑**4.**「同位体」「同素体」「同族体」「同族元素」について，具体例をあげて説明せ
よ。

【解】　同位体：原子番号（原子核中の陽子数）は同じであるが，質量数（原子核中の陽子
数と中性子数の和）が異なる元素。たとえば，質量数 16, 17, 18 の酸素。

　　同素体：同じ元素の原子からできている単体で，互いに性質が異なる物質。たとえ
ば，黒鉛，ダイヤモンド，フラーレンなど。

　　同族体：官能基が同じで，CH_2 の数だけが異なる分子式をもつ一群の有機化合物。
たとえば，示性式が $C_nH_{2n+1}OH$ で表されるアルコールや C_nH_{2n+2} で表現される鎖状
飽和炭化水素。

　　同族元素：周期表の同じ族に属している元素。たとえば，窒素，リン，ヒ素，アン
チモン，ビスマス。

❑**5.**「化学式」「分子式」「組成式」「示性式」「構造式（簡略形）」について，具体
例をあげて説明せよ。

【解】　化学式：元素記号を使って，物質の組成や構造を表した式の総称。具体例は，以
下に示す。

　　分子式：H_2O, CH_4 のように分子を構成する原子を元素記号で示し，その数を右下
に添えた化学式。

　　組成式：化合物の成分元素の原子数の割合を最も簡単な整数比で示した化学式。分
子を構成しない固体の $NaCl$ や CaF_2 などに用いられるほか，たとえばグルコース（分
子式 $C_6H_{12}O_6$）は，組成式では CH_2O と表記される。有機化学の分野では「実験式」
とよばれることもある。

　　示性式：C_2H_5OH, CH_3COOH のように，官能基を抜き出して表記した化学式。有機
化合物について使われる。

　　構造式（簡略形）：CH_3–CH_2–OH のように，$H-\overset{\displaystyle H}{\underset{\displaystyle H}{C}}-\overset{\displaystyle H}{\underset{\displaystyle H}{C}}-O-H$ と表記される構造式
の価標の一部を省略して表した化学式。主に水素との価標が省略される。

☐**6.** 6×10^{23} 個の一円玉(半径 1.0 cm)を平面上に極力すきまができないように並べるとする。その面積は，地球(直径 1.3×10^{4} km)の表面積の何倍か。

(**ヒント**：円を最密充填で並べる場合の面積充填率は $3^{1/2}\pi/6$（下図参照))

【**解**】 6×10^{23} 個の一円玉の占める面積は

$$\pi \times (1.0 \times 10^{-2})^2 \times 6 \times 10^{23} \times \frac{6}{3^{1/2}\pi} = 2.08 \times 10^{20}\,\mathrm{m}^2$$

地球の面積は $4\pi \times \left(\dfrac{1.3 \times 10^{7}}{2}\right)^2 = 5.309 \times 10^{14}\,\mathrm{m}^2$

両者の比をとって，$\underline{4 \times 10^{5}}$ 倍。(一円玉の個数の有効数字が 1 桁であるので，答えも 1 桁)

☐**7.** 原子を直径が 0.2 nm の球と考えて，6×10^{23} 個の原子を極力すきまができないように立体的に並べるとする。その体積は，卓球ボール(直径 40 mm) 1 個の体積の何倍か。

(**ヒント**：球を最密充填で並べる場合の体積充填率は $2^{1/2}\pi/6$（第 7 章，問 12 参照))

【**解**】 原子を並べたときの体積は

$$\frac{4}{3}\pi \times \left(\frac{2 \times 10^{-10}}{2}\right)^3 \times 6 \times 10^{23} \times \frac{6}{2^{1/2}\pi} = 3.39 \times 10^{-6}\,\mathrm{m}^3$$

卓球ボールの体積は，$\dfrac{4}{3}\pi \times \left(\dfrac{40 \times 10^{-3}}{2}\right)^3 = 3.351 \times 10^{-5}\,\mathrm{m}^3$

両者の比をとって，$\underline{0.1}$ 倍。

☐**8.** 倍数比例の法則とは何か。メタン，エタン，エテン(エチレン)，エチン(アセチレン)を例に説明せよ。

【**解**】 「同じ成分元素からなる化合物が 2 種類以上あるとき，一定質量のある元素と化合する他の元素の質量の比は，これらの化合物の間では簡単な整数比になる」という法則。たとえば，同じ質量の C に対して，メタン中の H の質量：エタン中の H の質量：エテン中の H の質量：エチン中の H の質量 は，4：3：2：1 という簡単な整数比になる。

▶**注**：複雑な化合物になると，整数比にはなっても，必ずしも「簡単」とはいえない場合もある。(復習問題 2 参照)

☐**9.** 硫黄の酸化物には，二酸化硫黄 SO_2 のほか三酸化硫黄 SO_3 もある。二酸化硫黄では，硫黄と酸素の質量比は 3.21：3.20 である。三酸化硫黄では，硫黄と酸素の質量比はいくらになるか。

【解】　倍数比例の法則から，SO_2 と SO_3 の酸素の質量比は $2:3$ になる。したがって，SO_3 における硫黄と酸素の質量比は，$3.21:3.20 \times \dfrac{3}{2} = \underline{3.21:4.80}$ となる。

❏**10.** 酸素原子のみから構成されている単体の気体 $4\,dm^3$ を十分な量の一酸化炭素と反応させたところ，同じ温度と圧力の条件で測定して $8\,dm^3$ の二酸化炭素が生成した。この酸素原子からなる気体の分子式を求めよ。気体は理想気体の状態方程式を満たすとする。

【解】　酸素原子のみから構成されている気体分子の化学式を O_x とし，CO は $n\,dm^3$ 消費されたとする。理想気体では体積と物質量は比例するので，化学反応式は

$$4O_x + nCO \rightarrow 8CO_2$$

C 原子の物質量を右辺と左辺で比較して，$n=8$。O 原子の物質量を右辺と左辺で比較して，$4x+8 = 8\times2$ より，$x=2$。よって気体の分子式は $\underline{O_2}$ と求められる。

❏**11.** $1.0\,g$ の一酸化炭素を燃焼させたところ $1.0\,g$ の二酸化炭素が発生した。一酸化炭素の何パーセントが反応したか。

【解】　燃焼の化学反応式は

$$2CO + O_2 \rightarrow 2CO_2$$

$\dfrac{1.0}{28.0}$ mol の CO から $\dfrac{1.0}{44.0}$ mol の CO_2 が発生しているので，反応した CO の割合は

$$\dfrac{1.0}{44.0} \Big/ \dfrac{1.0}{28.0} = 0.64 = \underline{64\%}$$

❏**12.** 原子における電子軌道($s, p, d, \cdots$軌道)と電子殻($K, L, M, \cdots$殻)について説明せよ。

【解】　原子内の電子は，任意のエネルギーをもつことは許されず，特定の離散的エネルギーしかもつことができない。また，その空間分布も特定の形のものしか許されない。

電子軌道とは，電子のエネルギーや空間分布によって規定された原子内の電子の状態を表すものである。エネルギーを規定する主量子数に対応して $1, 2, 3, \cdots$ の番号が，空間分布を規定する方位量子数に対応して $s, p, d, \cdots$ の記号が与えられる。s 軌道は球対称であり，p 軌道は亜鈴型となる。

電子殻は電子軌道の集合であり，電子の主量子数に対応してエネルギーの低い順に $K, L, M, \cdots$ 殻と命名される。K 殻は s 軌道のみが許され，これを 1s 軌道とよぶ。L 殻になると 2s 軌道と 2p 軌道があり，M 殻には 3s, 3p, 3d 軌道がある。

❏ **13.** Be, Al, Si, Ar, Ca, Ge, Kr, I の電子配置を炭素の例にしたがって記せ。

例）$_6$C：$1s^2 2s^2 2p^2$

【解】 $_4$Be： $1s^2 2s^2$

$\quad\quad$ $_{13}$Al： $1s^2 2s^2 2p^6 3s^2 3p^1$

$\quad\quad$ $_{14}$Si： $1s^2 2s^2 2p^6 3s^2 3p^2$

$\quad\quad$ $_{18}$Ar： $1s^2 2s^2 2p^6 3s^2 3p^6$

$\quad\quad$ $_{20}$Ca： $1s^2 2s^2 2p^6 3s^2 3p^6 4s^2$

$\quad\quad$ $_{32}$Ge： $1s^2 2s^2 2p^6 3s^2 3p^6 3d^{10} 4s^2 4p^2$

$\quad\quad$ $_{36}$Kr： $1s^2 2s^2 2p^6 3s^2 3p^6 3d^{10} 4s^2 4p^6$

$\quad\quad$ $_{53}$I ： $1s^2 2s^2 2p^6 3s^2 3p^6 3d^{10} 4s^2 4p^6 4d^{10} 5s^2 5p^5$

❏ **14.** 基底状態の S 原子と P 原子の電子配置を p_x, p_y, p_z の区別をして，1s 軌道から順に記せ。また，不対電子はいくつ存在するか。

【解】 S 原子 $\quad 1s^2 2s^2 2p_x^2 2p_y^2 2p_z^2 3s^2 3p_x^2 3p_y^1 3p_z^1$ （… $3p_x^1 3p_y^2 3p_z^1$ などでも可）

不対電子は 2 個。

$\quad\quad$ P 原子 $\quad 1s^2 2s^2 2p_x^2 2p_y^2 2p_z^2 3s^2 3p_x^1 3p_y^1 3p_z^1$

不対電子は 3 個。

❏ **15.** パウリの排他原理について説明せよ。

【解】 「原子の 1 つの軌道に入ることができる電子の数は，2 個を上限とし 3 個以上は入ることができない」とする原理。

▶注：「1 つの原子内で，2 個以上の電子が同じ量子数の組合せをもつことはない」と表現されることもある。なお，この原理は 1 つの分子内の電子についても適用される。

❏ **16.** 「原理」と「法則」の違いについて説明せよ。

【解】 一般に，パウリの排他原理のように「例外なく成立するもの」が「原理（principle）」であり，ボイル–シャルルの法則のように「近似的に成立するもの」が「法則（law）」である。また，「原理はより根源的なものであり，法則は原理から導かれるもの」という表現もできる。ただし，両者は混同されて使われることも多い。たとえば，第 8 章で登場する「熱力学第一法則」は例外なく成り立つ根源的なものであるが，「熱力学第一原理」という表現は一般的ではない。一方，第 10 章で登場する「ルシャトリエの原理」は，熱力学の法則（原理）から導出することが可能で，原理よりは法則に近い。

応 用 問 題

❏ **17.** 原子核の半径 r は，質量数（陽子と中性子の数の和）A の 1/3 乗に比例し，概ね $r = 1.2 \times 10^{-15} A^{1/3}$ m で与えられる。ウラン（質量数 238）の原子核の体積と密度を計算せよ。原子核は球形とし，単位物質量（1 mol）あたりのウランの原子核の質量を 238 g とする。

【解】　ウランの原子核の体積は

$$\frac{4}{3} \times \pi \times (1.2 \times 10^{-15} \times 238^{1/3})^3 = 1.723 \times 10^{-42} = \underline{1.7 \times 10^{-42} \text{m}^3}$$

原子核 1 個あたりの質量は

$$\frac{238}{6.0221 \times 10^{23}} = 3.9521 \times 10^{-22} \text{g} = 3.9521 \times 10^{-25} \text{kg}$$

密度は，質量と体積の比をとって

$$\frac{3.9521 \times 10^{-25}}{1.723 \times 10^{-42}} = \underline{2.3 \times 10^{17} \text{kg m}^{-3}} \quad (2.3 \times 10^{14} \text{g cm}^{-3})$$

❏ **18.** 1.0 g のエテンを酸素と反応させたところ，一酸化炭素と二酸化炭素と 1.0 g の水が生成した。エテンの何パーセントが反応したか。

【解】　化学反応式は，反応したエテンと酸素の物質量比を $1 : x$ $(3 \geq x \geq 2)$ として

$$C_2H_4 + xO_2 \rightarrow (2x-4)CO_2 + (6-2x)CO + 2H_2O$$

$\dfrac{1.0}{28.0}$ mol の C_2H_4 から $\dfrac{1.0}{18.0}$ mol の H_2O が発生しているので，反応した C_2H_4 の割合は

$$\left(\frac{1.0}{18.0} \bigg/ \frac{1.0}{28.0}\right) \times \frac{1}{2} = 0.78 = \underline{78\%}$$

発 展 問 題

❏ **19.** 陽子，中性子の質量はそれぞれ 1.67262×10^{-27} kg, 1.67493×10^{-27} kg である。一方，陽子 2 個，中性子 2 個からなるヘリウム 4 の原子核の質量は 6.64466×10^{-27} kg であり，個々の構成粒子の質量の和よりも小さい。この差を質量欠損とよび，質量欠損（Δm）に光速（c）の 2 乗をかけたものが，原子核中の陽子や中性子を結びつけるエネルギー（$E = \Delta mc^2$）に相当する。ヘリウムの原子核 1.00 mol あたりの結合エネルギー（絶対値）を計算し，水素分子の結合エネルギー（432 kJ mol^{-1}）と比較せよ。

【解】　構成粒子の質量の和からヘリウムの原子核の質量を引くと，5.044×10^{-29} kg となる。これに光速（2.99792×10^8 m s^{-1}）の 2 乗とアボガドロ定数（6.02214×10^{23} mol^{-1}）をかけて，ヘリウムの原子核 1.00 mol あたりの結合エネルギー（絶対値）は $\underline{2.73 \times 10^{12} \text{J mol}^{-1}}$ と計算される。これは，水素分子の結合エネルギーの $\underline{6.32 \times 10^6 \text{倍}}$ に相当する。

▶注：化学結合においても質量欠損は起こると考えられる。しかし，水素分子の場合，質量欠損はわずかに $8×10^{-36}$ kg $(5×10^{-12}$ kg mol$^{-1})$ であり，通常の測定にかかる量ではない。よって，化学反応過程では「質量保存の法則」が成り立つと考えてよい。

□**20.** 遊離基（フリーラジカル，単にラジカルとよばれることも多い）とは，水分子から H 原子がとれた OH とか，メタン分子から H 原子がとれた CH₃ などの総称である。安定な分子だけでなく，このような化学的に不安定なフリーラジカルを含めても，ある着目した元素一定質量と化合する他の元素の質量比は整数比となるだろうか。

【解】　整数比になる。具体例として問8のメタン，エタン，エテン，エチンに，新たにメチルラジカル CH₃，メチレンラジカル CH₂，メチリジンラジカル CH，エチルラジカル C₂H₅，ビニルラジカル C₂H₃ を加えてみる。同じ質量の C に対する H の質量は，メタン：エタン：エテン：エチン：メチル：メチレン：メチリジン：エチル：ビニル ＝ 8：6：4：2：6：4：2：5：3 となり，整数比をなす。

復 習 問 題

1. アセトン $(CH_3)_2CO$ 1.0 kg 中に何個の炭素原子が含まれるか。また，1.00 kg 中ではどうか。

2. ブタン，ペンタン，ヘキサン，ヘプタン，オクタンについて，一定質量の炭素と化合する水素の質量比を整数比で表せ。（この場合，整数比は「簡単」とはならない。）

3. 酸素原子のみから構成される単体の気体 7 dm³ とエタン 3 dm³ を混合して加熱したところ，過不足なく反応して，二酸化炭素と水が生成した。生成した二酸化炭素を分離して温度と圧力をはじめの条件にもどして体積を測定したところ 6 dm³ であった。この酸素原子からなる気体の分子式を求めよ。気体は理想気体の状態方程式を満たすとする。

4. 次の物質を単体，化合物，混合物に分類せよ。

　　　天然ガス，水道水，オゾン，ベンゼン，塩酸，ヘリウム，スクロース

5. 基底状態の F 原子と Si 原子の電子配置を p$_x$, p$_y$, p$_z$ の区別をして，1s 軌道から順に記せ。また，不対電子はいくつ存在するか。

2 元素の周期律と属性

　1869年，メンデレーエフは「元素の性質は原子量とともに周期的に変化する」という偉大な発見をし，この発見をもとに，未発見の元素の性質を予言した。しかし，一部には，原子量の順番どおりにはいかない部分もあった。この難問にどう答えるか，問8で考えていただこう。第2章では，元素の化学的性質の多くが，電子の数，特に価電子の数によって決まることを演習を通じて学ぶ。

基本問題

❏**1.** 次の元素の中から，下記の(a)から(g)の条件にあてはまるものをすべて選び，その名称を英語で答えよ。

　　　　　H, C, N, O, Na, Mg, S, Cl, K, Ca, Fe, Cu, Kr, Ag, I, Ba, Au

(a) 遷移元素

(b) 典型金属元素

(c) 典型非金属元素

(d) アルカリ土類金属元素

(e) カルコゲン(酸素族)元素

(f) ハロゲン元素

(g) 希(貴)ガス元素

【解】　(a) iron, copper, silver, gold

　　　(b) sodium, magnesium, potassium, calcium, barium

　　　(c) hydrogen, carbon, nitrogen, oxygen, sulfur(sulphur), chlorine, krypton, iodine

　　　(d) calcium, barium

　　　(e) oxygen, sulfur(sulphur)

　　　(f) chlorine, iodine

　　　(g) krypton

▶**注**：Mg はアルカリ土類金属元素に含める場合もある。

❏**2.** 「イオン化エネルギー」および「電子親和力」について説明せよ。

【解】　イオン化エネルギー：気体状態の原子や分子(真空中に孤立して存在する原子や分子)から電子を無限遠まで引き離し，陽イオン(断りがなければ1価の陽イオン)に

するために必要な最低限のエネルギー。なお，1価の陽イオンを2価の陽イオンにするのに必要なエネルギーを第2イオン化エネルギー，2価の陽イオンを3価の陽イオンにするのに必要なエネルギーを第3イオン化エネルギーとよぶ。

電子親和力：気体状態の原子や分子(真空中に孤立して存在する原子や分子)に電子を結合させて陰イオン(断りがなければ1価の陰イオン)とするときに放出されるエネルギー。

❏**3.** 次の(a)から(g)の量のうちで，典型元素を原子番号の順に並べると周期的な変化がみられるものを記号で答えよ。ただし，多少の逆転現象はあってもよいものとする。
(a) 内殻電子の数　　　　(b) 共有結合半径　　(c) 電気陰性度　(d) 原子量
(e) イオン化エネルギー　(f) 安定同位体の数　(g) 単体の融点

【解】　(b)，(c)，(e)，(g)

❏**4.** 典型元素および遷移元素の特徴を述べよ。

【解】　典型元素では，第1イオン化エネルギー，電子親和力，電気陰性度，原子半径などが，周期的に変化する。遷移元素では，同一周期内で第1イオン化エネルギーや電子親和力などの性質が類似していてあまり変化しない。また，遷移元素はすべて金属的性質を示す。(第7章，問2参照)

❏**5.** 基底状態の O^-，F^-，Al^-，O^+，Cl^+，Mg^{3+} の電子配置を p_x, p_y, p_z の区別をして，1s軌道から順に記せ。また，不対電子はいくつ存在するか。

【解】　O^-　：$1s^2\,2s^2\,2p_x^2\,2p_y^2\,2p_z^1$　　　　　　　　不対電子は1個
　　　　F^-　：$1s^2\,2s^2\,2p_x^2\,2p_y^2\,2p_z^2$　　　　　　　　不対電子は0個
　　　　Al^-　：$1s^2\,2s^2\,2p_x^2\,2p_y^2\,2p_z^2\,3s^2\,3p_x^1\,3p_y^1$　　不対電子は2個
　　　　O^+　：$1s^2\,2s^2\,2p_x^1\,2p_y^1\,2p_z^1$　　　　　　　　不対電子は3個
　　　　Cl^+　：$1s^2\,2s^2\,2p_x^2\,2p_y^2\,2p_z^2\,3s^2\,3p_x^2\,3p_y^1\,3p_z^1$　不対電子は2個
　　　　Mg^{3+}：$1s^2\,2s^2\,2p_x^2\,2p_y^2\,2p_z^1$　　　　　　　不対電子は1個

▶注：O^- は $1s^2\,2s^2\,2p_x^1\,2p_y^2\,2p_z^2$ のように，Al^- は $1s^2\,2s^2\,2p_x^2\,2p_y^2\,2p_z^2\,3s^2\,3p_y^1\,3p_z^1$ のように解答してもよい。Cl^+, Mg^{3+} も同様。

❏**6.** 次の(1)から(4)の電子配置をもつ原子がある。(a)から(d)に対応する原子を選べ。また，その理由を記せ。
(1) $1s^2\,2s^2\,2p^6\,3s^2\,3p^5$
(2) $1s^2\,2s^2\,2p^6\,3s^2\,3p^6\,3d^1\,4s^2$

(3) $1s^2\,2s^2\,2p^6\,3s^2\,3p^6\,4s^1$

(4) $1s^2\,2s^2\,2p^6\,3s^2\,3p^6\,4s^2$

(a) 電子親和力が最大である原子

(b) 第1イオン化エネルギーが最小である原子

(c) 第3イオン化エネルギーが最小である原子

(d) 第3イオン化エネルギーが最大である原子

【解】 (a) (1) 電子を1個付加することで希ガス構造となるため。

(b) (3) 電子を1個取り去ることで希ガス構造となるため。

(c) (2) 電子を3個取り去ることで希ガス構造となるため。

(d) (4) 電子を2個取り去ることで希ガス構造となるため。

□7. 元素の原子量は，原子番号の増加とともにほぼ単調に増加するが，いくつかの元素では逆転している。周期表を調べて，逆転が起こる前後の元素を書き出せ。

【解】 $_{18}$Ar→$_{19}$K, $_{27}$Co→$_{28}$Ni, $_{52}$Te→$_{53}$I, $_{90}$Th→$_{91}$Pa で逆転が起こっている。

□8. メンデレーエフは，周期表を作成する際に，元素の化学的類似性を優先させると，原子量の順番を逆転させなければならない部分があることに気がついた。彼は，原子量の測定にミスがあるのではないかと考えたが，実際はそうではなかった。現在，この逆転現象は，どのように説明されているか。

【解】 逆転現象は，原子の質量の大部分を占める原子核中の陽子と中性子の数が比例しないことによって説明できる。たとえば，「陽子と中性子の数が必ず同じ」であるならば，逆転現象は起こらない。しかし，原子番号のわりに中性子が多い元素と原子番号のわりに中性子が少ない元素があると原子量の逆転現象が起こる。たとえば，コバルトは天然には陽子数27，中性子数32の ^{59}Co だけが存在し，その原子量は58.9である。一方，ニッケルは，陽子数28，中性子数30の ^{58}Ni が全体の68％を占め，原子量はコバルトよりも小さい58.7となる。

□9. 次の(a)から(c)の元素の原子量を小数点第3位まで計算せよ。

(a) 銅：単位物質量(1 mol)の質量が62.930 gの原子が69.15％，64.928 gのものが30.85％含まれている。

(b) ナトリウム：単位物質量(1 mol)の質量が22.98977 gの原子のみからなる。

(c) アルゴン：単位物質量(1 mol)の質量が35.96755 gの原子が0.3336％，37.96273 gのものが0.0629％，39.96238 gのものが99.6035％含まれている。

【解】 それぞれ，加重平均を計算する。

(a) $62.930 \times 0.6915 + 64.928 \times 0.3085 = \underline{63.546}$

(b) $22.98977 \times 1.0000 = \underline{22.990}$

(c) $35.96755 \times 0.003336 + 37.96273 \times 0.000629 + 39.96238 \times 0.996035 = \underline{39.948}$

❏**10.** 水素には $^1\mathrm{H}$ と $^2\mathrm{D}$ の 2 種類の，酸素には $^{16}\mathrm{O},\ ^{17}\mathrm{O},\ ^{18}\mathrm{O}$ の 3 種類の安定同位体が存在する。安定同位体のみからなる水分子は，何種類存在するか。その分子式を示せ。

【解】 $^1\mathrm{H}_2{}^{16}\mathrm{O},\ ^1\mathrm{H}_2{}^{17}\mathrm{O},\ ^1\mathrm{H}_2{}^{18}\mathrm{O},\ ^1\mathrm{H}^2\mathrm{D}^{16}\mathrm{O},\ ^1\mathrm{H}^2\mathrm{D}^{17}\mathrm{O},\ ^1\mathrm{H}^2\mathrm{D}^{18}\mathrm{O},\ ^2\mathrm{D}_2{}^{16}\mathrm{O},\ ^2\mathrm{D}_2{}^{17}\mathrm{O},\ ^2\mathrm{D}_2{}^{18}\mathrm{O}$ の 9 種類が存在する。

▶**注**：質量数 2 の重水素には D，質量数 3 の三重水素(放射性)には T という元素記号が特別に与えられている。

応 用 問 題

❏**11.** $\mathrm{Li}^+,\ \mathrm{Be}^{2+},\ \mathrm{O}^{2-},\ \mathrm{F}^-$ をイオン半径の小さい順に並べ，その理由を，核の電荷とイオンの電子配置を用いて説明せよ。

【解】 最外殻電子の主量子数が大きいイオンの半径の方が，小さいイオンのものよりも大きい。また，イオンの電子配置が同じ場合には，核電荷の小さいものの方が静電引力が弱く，イオン半径が大きくなる。Li^+ の電子配置は $1\mathrm{s}^2$，原子核の正電荷は，陽子の電荷を e とすると $+3e$，Be^{2+} の電子配置は $1\mathrm{s}^2$，正電荷は $+4e$，O^{2-} の電子配置は $1\mathrm{s}^2 2\mathrm{s}^2 2\mathrm{p}^6$，正電荷は $+8e$，F^- の電子配置は $1\mathrm{s}^2 2\mathrm{s}^2 2\mathrm{p}^6$，正電荷は $+9e$ である。よって，イオン半径の小さい順に並べると $\mathrm{Be}^{2+},\mathrm{Li}^+,\mathrm{F}^-,\mathrm{O}^{2-}$ となる。

❏**12.** モーズリーの実験とその結果から導かれた重要な結論(その後に導かれた現代における解釈)について説明せよ。

【解】 モーズリーは，「元素に電子線を照射したときに放射される特性 X 線の振動数の平方根は，原子番号とほぼ直線関係にある」ことを見いだした。この実験結果は，原子番号が，その原子の核中に含まれる陽子の数に等しいことを意味している。

❏**13.** モーズリーは，X 線管の陽極に種々の元素からなる物質を用い，発生する特性 X 線の振動数 ν と陽極物質の原子番号 Z の間に，次の関係式が成り立つことを発見した。

$$\sqrt{\nu} = a(Z-b) \quad (a, b：定数)$$

$_{19}\mathrm{K}$ の特性 X 線の振動数は $8.013 \times 10^{17}\ \mathrm{s}^{-1}$，$_{37}\mathrm{Rb}$ の特性 X 線の振動数は $3.239 \times 10^{18}\ \mathrm{s}^{-1}$ である。上記の関係式を用いて，$_{28}\mathrm{Ni}$ の特性 X 線の振動数を計算せよ。

【解】　X 線の振動数と原子番号を上記の関係式に代入して

$$(8.013 \times 10^{17})^{1/2} = a(19 - b)$$

$$(3.239 \times 10^{18})^{1/2} = a(37 - b)$$

この連立方程式を解いて

$$a = 5.02539 \times 10^7, \qquad b = 1.1874$$

よって，$_{28}$Ni の特性 X 線の振動数は

$$\{a(28 - b)\}^2 = \underline{1.816 \times 10^{18} \, \text{s}^{-1}} \quad (\text{実測値は } 1.808 \times 10^{18} \, \text{s}^{-1})$$

▶注：原子番号は 2 桁でしか与えられていないが，これは「整数」であって，無限の有効数字をもつ。よって，答えの有効数字は 4 桁となる。

❏**14.** 酸素分子の原子核間距離は 1.2075×10^{-10} m，窒素分子の原子核間距離は 1.0977×10^{-10} m である。一酸化窒素(NO)分子の原子核間距離を推定せよ。

【解】　酸素原子の原子半径は酸素分子の原子核間距離の半分で，0.60375×10^{-10} m，窒素原子の半径は 0.54885×10^{-10} m。NO 分子の核間距離は，その和の $\underline{1.1526 \times 10^{-10} \text{m}}$ と推定される。(実測値は 1.1508×10^{-10} m)

❏**15.** 半減期が 10 s の放射性の原子が 2×10^{20} 個あるとする。10 s 後および 15 s 後には何個になっているか。また，最初の原子数が 10 個であった場合，10 s 後には何個になっているか。

【解】　前者の場合は，10 s 後には，半分の $\underline{1 \times 10^{20} \text{ 個}}$ になる。15 s 後には，

$$2 \times 10^{20} \times \left(\frac{1}{2}\right)^{15/10} = \underline{7 \times 10^{19} \text{ 個}} \text{ になる。}$$

　後者の場合，5 個となる確率が最も高いが，放射性物質の壊変は確率論的現象であるため，統計的処理ができない 10 個という少数では，いくつ残るかは $\underline{\text{予測不能}}$(0 個以上，10 個以下)である。

❏**16.** 「放射性同位体が α 線や β 線を放出して壊変する際の半減期(寿命)が，物質の状態(たとえば，化合物であるか，単体であるか)や温度に依存する」という主張があったとする。信用できるか。

【解】　信用できない。α 線や β 線の放出は，原子核内で起こる現象である。一方，物質の状態は，核外の電子(特に価電子)の状態によって決まる。両者の間に相互作用はなく，物質の状態によって半減期(寿命)が変化することはない。温度に関しても，熱核反応が起こるような温度(10^8 K 程度)は別にして，通常の温度範囲(10^4 K 以下)であれば，ありえない。

▶注：原子核内の陽子が軌道電子を捕獲して中性子に変わる壊変(電子捕獲)等の場合には，物質の状態によって半減期がわずかに変化することがある。

発 展 問 題

> **❏17.** 希ガス原子や Be，Mg 原子において，電子親和力が負となる理由を説明せよ。

【解】 希ガス原子や Be，Mg 原子では，最外殻の電子数が 2 個または 8 個で，新たに電子を付け加えようとすると，その外のエネルギーの高い軌道に電子を入れる必要があり，より不安定になるため電子親和力は負となる。Ca や Zn でも同様に電子親和力は負になる。

> **❏18.** 第 2 イオン化エネルギーも原子番号の順に周期的に変化するだろうか。

【解】 下図のように，周期的に変化する。アルカリ金属で大きくなり，アルカリ土類金属で小さくなるのが特徴的である。また，遷移元素では変化は小さい。

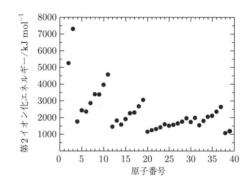

> **❏19.** 放射性物質が単位時間に壊変する量は，その放射性物質の量に比例し，半減期に反比例することを示せ。

【解】 放射性物質の初期の量を N_0，半減期を $t_{1/2}$ とする。時間 t が経過した後の残存量 N は

$$N = N_0\left(\frac{1}{2}\right)^{t/t_{1/2}} = N_0\exp\left(-\ln 2 \times \frac{t}{t_{1/2}}\right)$$

で与えられる。単位時間あたりの壊変量は，これを時間で微分して

$$-\frac{\mathrm{d}N}{\mathrm{d}t} = \frac{\ln 2}{t_{1/2}}N_0\exp\left(-\ln 2 \times \frac{t}{t_{1/2}}\right) = \frac{\ln 2}{t_{1/2}}N$$

となる。これは，放射性物質の量に比例し，半減期に反比例する。

▶**注**：$\exp x$ は e^x と同じものである。$\ln x$ は $\log_e x$ と同じものであり，x の自然対数である。

□**20.** カリウム中には，放射性の ^{40}K が 0.012% 含まれる。^{40}K の半減期を 3.9×10^{16} s として，1.0 g の金属カリウムにおいて 1.0 s 間に壊変する原子数として最も可能性の高い値を求めよ。

【解】 金属カリウム 1.0 g は $1.0/39.1$ mol で 1.540×10^{22} 個の原子に相当する。そのうち，1.848×10^{18} 個が ^{40}K である。半減期が 3.9×10^{16} s であるから，前問の結果を用いて，1.0 s 間に壊変する原子数は <u>33 個</u> と計算される。

▶**注**：問 15 で述べたように，この値は最も可能性の高いものであり，毎秒必ず 33 個が壊変するという意味ではない。この結果は「1.0 g の金属カリウムは 33 Bq(ベクレル)の放射線源である」ということを意味するが，この程度の壊変量であれば，放射線関連の法規の規制対象とはならない。

復 習 問 題

1. 次の元素の中から(a)から(c)の条件にあてはまるものをすべて選び，その名称を英語で答えよ。

　　　　ヘリウム，ホウ素，フッ素，リン，臭素，スズ，キセノン，水銀，鉛

(a) 単体が 25℃，1.0 気圧で気体のもの

(b) 単体が 25℃，1.0 気圧で液体のもの

(c) 単体が 25℃，1.0 気圧で固体のもの

2. Al 原子から電子を外側の軌道から順に取り除くことを考える。イオン化エネルギーが急激に増大するのは，何個の電子を取り除いた後か。理由を付して答えよ。

3. マグネシウムには，質量数 24 の ^{24}Mg と 25 の ^{25}Mg，26 の ^{26}Mg が安定に存在し，その存在比は $79.0:10.0:11.0$ である。^{24}Mg，^{25}Mg，^{26}Mg の相対質量をそれぞれ 24.0，25.0，26.0 としてマグネシウムの原子量を計算せよ。

4. Cl_2 分子の原子核間距離は 1.9879×10^{-10} m，F_2 分子の原子核間距離は 1.4119×10^{-10} m である。ClF 分子の原子核間距離を推定せよ。

5. ^{238}U の天然存在比は 99.28% で，その半減期は 45 億年，^{235}U の天然存在比は 0.72% で，その半減期は 7.1 億年である。45 億年前(地球誕生後，間もなくのころ)，^{238}U は ^{235}U の何倍存在したか。(ヒント：45 億年前，^{238}U は現在の 2.0 倍存在した。)

3 量子力学入門

原子や分子の世界は極微のものであり，巨視的な世界に住む我々の一般常識が通用しないことが多い。たとえば，エネルギーが連続的に変化しないとか，質量がゼロでも運動量をもつとか，位置と運動量を同時に正確に決めることはできないとか，物質は波動であるとか。にわかには信じられないと思うが，これは時間をかけて慣れていただくしかない。

重要公式

- 古典力学における運動量の定義　$p = mv$
- 古典力学における運動エネルギーと質量，速度，運動量の関係

$$K = \frac{1}{2}mv^2 = \frac{p^2}{2m}$$

（速度や運動量はベクトル量であるが，本書では，その大きさにのみ着目する）

- クーロンの法則：静電気力は電荷の積に比例し，距離の2乗に反比例

$$F = k\frac{q_1 q_2}{r^2} = \frac{q_1 q_2}{4\pi\varepsilon_0 r^2}$$

- 光速 = 振動数 × 波長　　$c = \nu\lambda$

- 光子1個あたりのエネルギー = プランク定数 × 振動数　　$E = h\nu = \frac{hc}{\lambda}$

- ド・ブロイの関係式：運動量 = $\dfrac{\text{プランク定数}}{\text{波長}}$　　$p = \dfrac{h}{\lambda} = \dfrac{h\nu}{c}$

- 位置の不確定さ Δx と運動量の不確定さ Δp の関係　　$\Delta x \Delta p \geq \dfrac{h}{4\pi}$

- 時間の不確定さ Δt とエネルギーの不確定さ ΔE の関係　　$\Delta t \Delta E \geq \dfrac{h}{2\pi}$

- 大きさ a の1次元の箱の中にある質量 m の粒子のもつエネルギー（n は正整数）

$$E = \frac{n^2 h^2}{8ma^2}$$

- 水素原子の電子のもつエネルギー（n は正整数）　　$E = -\dfrac{2\pi^2 k^2 m_e e^4}{n^2 h^2} = -\dfrac{m_e e^4}{8n^2 \varepsilon_0^2 h^2}$

基 本 問 題

❏ **1.** Li の炎色反応で観測される光の波長は 671 nm である。光子 1 個あたりのエネルギー，1.00 μmol あたりのエネルギーおよび光子 1 個あたりの運動量を求めよ。

【解】 光子 1 個あたりのエネルギー E は

$$E = \frac{hc}{\lambda} = \frac{6.6261 \times 10^{-34} \times 2.9979 \times 10^8}{671 \times 10^{-9}} = \underline{2.96 \times 10^{-19}} \text{ J}$$

1.00 μmol あたりは，これをアボガドロ定数 $\times 10^{-6}$ 倍して，

$$\frac{6.6261 \times 10^{-34} \times 2.9979 \times 10^8}{671 \times 10^{-9}} \times 6.0221 \times 10^{17} = \underline{1.78 \times 10^{-1}} \text{ J}$$

光子 1 個あたりの運動量 p は

$$p = \frac{h}{\lambda} = \frac{6.6261 \times 10^{-34}}{671 \times 10^{-9}} = \underline{9.87 \times 10^{-28}} \text{ kg m s}^{-1}$$

❏ **2.** 電子レンジでは，振動数 2.45 GHz のマイクロ波が使われる。このマイクロ波の波長を求めよ。また，光子 1 個あたりのエネルギーを計算せよ。

【解】 波長は

$$\lambda = \frac{c}{\nu} = \frac{2.9979 \times 10^8}{2.45 \times 10^9} = \underline{1.22 \times 10^{-1}} \text{m}$$

光子 1 個あたりのエネルギー E は

$$E = h\nu = 6.6261 \times 10^{-34} \times 2.45 \times 10^9 = \underline{1.62 \times 10^{-24}} \text{ J}$$

❏ **3.** F_2 分子の結合エネルギーは 155 kJ mol^{-1} である。波長 900 nm の光の照射によりフッ素―フッ素結合を切ることはできるか。理由を付して答えよ。

【解】 フッ素―フッ素結合を切ることはできない。波長 900 nm の光子のもつエネルギー E は

$$E = \frac{hc}{\lambda} = \frac{6.6261 \times 10^{-34} \times 2.9979 \times 10^8}{900 \times 10^{-9}} = 2.21 \times 10^{-19} \text{ J}$$

1 分子あたりのフッ素―フッ素結合の結合エネルギーは

$$\frac{155 \times 10^3}{6.0221 \times 10^{23}} = 2.57 \times 10^{-19} \text{ J}$$

光子のもつエネルギーの方が小さいので，フッ素―フッ素結合は切れない。

▶**注**：複数の光子が関与する多光子過程ならば，切れる可能性はある。

❏ **4.** 波長 420 nm の光が 1.0 W で放出されるとき，毎秒放出される光子の数を求めよ。

【解】　波長 420 nm の光子のもつエネルギー E は

$$E = \frac{hc}{\lambda} = \frac{6.6261 \times 10^{-34} \times 2.9979 \times 10^8}{420 \times 10^{-9}} = 4.7296 \times 10^{-19} \text{ J}$$

$1.0 \text{ W} = 1.0 \text{ J s}^{-1}$ なので，毎秒放出される光子の数は $\dfrac{1.0}{4.7296 \times 10^{-19}} = \underline{2.1 \times 10^{18}}$ 個

□**5.** 金属カリウムでは，544 nm $(= \lambda_0)$ 以下の波長の光を照射すると光電子が飛び出す。カリウムの仕事関数と波長 450 nm の光を照射したときに飛び出す電子の運動エネルギーの最大値を求めよ。

【解】　仕事関数は

$$\frac{hc}{\lambda_0} = \frac{6.6261 \times 10^{-34} \times 2.9979 \times 10^8}{544 \times 10^{-9}} = \underline{3.65 \times 10^{-19}} \text{ J}$$

運動エネルギーの最大値は，光子のエネルギーと仕事関数の差をとって

$$6.6261 \times 10^{-34} \times 2.9979 \times 10^8 \times \left(\frac{1}{450 \times 10^{-9}} - \frac{1}{544 \times 10^{-9}} \right) = \underline{7.6 \times 10^{-20}} \text{ J}$$

▶**注**：波長は 3 桁で与えられているが，桁落ちのため運動エネルギーの最大値の有効数字は 2 桁となる。

□**6.** 次の (a) から (d) の物体のド・ブロイ波長を求めよ。相対論的効果は考えなくてよい。
  (a)　200 m s^{-1} で運動するフッ素分子
  (b)　時速 160 km で運動する質量 145 g の野球ボール
  (c)　100 V の電位差で加速された電子
  (d)　1×10^{-6} K にまで冷却された水素原子（運動エネルギー $K = (3/2) \times$ ボルツマン定数 $k_B \times$ 絶対温度 T とせよ。）

【解】　(a)　$\lambda = \dfrac{h}{p} = \dfrac{h}{mv} = \dfrac{6.6261 \times 10^{-34}}{(2 \times 19.0 \times 10^{-3} / 6.0221 \times 10^{23}) \times 200} = \underline{5.25 \times 10^{-11}} \text{ m}$

▶**注**：原子量が 19.0 であるフッ素原子のモル質量が 19.0×10^{-3} kg mol^{-1} であることに注意。

(b)　$\lambda = \dfrac{h}{p} = \dfrac{h}{mv} = \dfrac{6.6261 \times 10^{-34}}{145 \times 10^{-3} \times 160 \times 10^3 / 3600} = \underline{1.03 \times 10^{-34}} \text{ m}$

(c)　$\lambda = \dfrac{h}{p} = \dfrac{h}{(2mK)^{1/2}} = \dfrac{6.6261 \times 10^{-34}}{(2 \times 9.1094 \times 10^{-31} \times 100 \times 1.6022 \times 10^{-19})^{1/2}} = \underline{1.23 \times 10^{-10}} \text{ m}$

(d)　$\lambda = \dfrac{h}{p} = \dfrac{h}{(3mk_B T)^{1/2}} = \dfrac{6.63 \times 10^{-34}}{\left\{ 3 \times \left(\dfrac{1.0 \times 10^{-3}}{6.02 \times 10^{23}} \right) \times 1.38 \times 10^{-23} \times 1 \times 10^{-6} \right\}^{1/2}} = \underline{3 \times 10^{-6}} \text{ m}$

▶**注**：(d) の解は，極低温では，原子のような微視的粒子もマイクロメートルという巨視的サイズをもつことを意味している。

❏**7.** 量子力学の入門書の多くは，シュレーディンガー方程式を議論の出発点に据えている。ところで，そもそも「シュレーディンガー方程式が正しい」となぜ言えるのであろうか。

【解】 現代の科学は，「より少ない仮定で，より多くのことを説明する」という原理（オッカムの剃刀の原理）に基づいている。シュレーディンガー方程式を仮定することで，原子や分子の世界のさまざまな現象をうまく説明できることから，シュレーディンガー方程式は正しいと考えられている。

❏**8.** 基底状態のリン原子において，3s 軌道の電子が同じスピン磁気量子数(m_s)をもつことがあるだろうか。3p 軌道の電子ではどうであろうか。

【解】 3s 軌道では磁気量子数(m_l)は 0 に固定されるのでパウリの排他原理から考えて，同じスピン磁気量子数(m_s)をもつことはありえない。一方，3p 軌道では 3 個の電子に対して，磁気量子数(m_l)は 0, 1, −1 の 3 通りをとりうるため，m_l が異なれば，スピン磁気量子数(m_s)は同じであってもよい。

応 用 問 題

❏**9.** Na の炎色反応で観測される D 線は二重線で，標準大気圧の空気中での波長は，7 桁で記述すると 588.9951 nm と 589.5924 nm である。この精度になると，振動数やエネルギーを求める際に，空気の屈折率(1.000277)の補正が必要となる。Na の D 線の光子 1 個あたりのエネルギーを 7 桁の精度で求めよ。

【解】 空気の屈折率を n とすると空気中の光速は c/n である。二重線の光のエネルギー，振動数，波長をそれぞれ E_1, ν_1, λ_1 等と表すと

$$E_1 = h\nu_1 = \frac{hc}{n\lambda_1} = \frac{6.62607015 \times 10^{-34} \times 2.99792458 \times 10^8}{1.000277 \times 588.9951 \times 10^{-9}} = \underline{3.371668 \times 10^{-19}\ \text{J}}$$

$$E_2 = h\nu_2 = \frac{hc}{n\lambda_2} = \frac{6.62607015 \times 10^{-34} \times 2.99792458 \times 10^8}{1.000277 \times 589.5924 \times 10^{-9}} = \underline{3.368252 \times 10^{-19}\ \text{J}}$$

❏**10.** 金属(Li, Cs)の表面にレーザー光(XeCl レーザー，He–Ne レーザー)を照射する。下の表の中から金属表面から飛び出す電子 1 個あたりの運動エネルギーが最大となるものを選び，そのときの電子 1 個あたりの運動エネルギーの最大値を計算せよ。

金 属	仕事関数
Li	4.69×10^{-19} J
Cs	3.12×10^{-19} J

光 源	波 長
XeCl レーザー	308 nm
He–Ne レーザー	633 nm

【解】 仕事関数が小さく，光の波長が短いときに電子の運動エネルギーが大きくなるので，Cs と XeCl レーザーの組合せで電子のエネルギーは最大となる。

電子の運動エネルギーの最大値は，XeCl レーザーの1光子あたりのエネルギーから Cs の仕事関数を引いて

$$\frac{6.6261 \times 10^{-34} \times 2.9979 \times 10^{8}}{308 \times 10^{-9}} - 3.12 \times 10^{-19} = \underline{3.33 \times 10^{-19}} \text{ J}$$

❑**11.** 質量 m の粒子が長さ a の1次元の箱型ポテンシャルの中に閉じ込められているとする。次の場合の量子数 $n = 1$ および2における単位物質量(1 mol)あたりのエネルギー E を求めよ。

(a) $m = 9.1 \times 10^{-31}$ kg, $a = 0.10$ nm とした場合

(b) $m = 1.0$ g, $a = 1.0$ cm とした場合

【解】 (a) $n = 1$ では

$$E = \frac{h^2}{8ma^2} = \frac{(6.626 \times 10^{-34})^2}{8 \times 9.1 \times 10^{-31} \times (0.10 \times 10^{-9})^2} \text{ J}$$

これをアボガドロ定数倍して $\underline{3.6 \times 10^{6} \text{ J mol}^{-1}}$。

$n = 2$ では，$n = 1$ での値を4倍して $\underline{1.5 \times 10^{7} \text{ J mol}^{-1}}$。

(b) $n = 1$ では

$$E = \frac{h^2}{8ma^2} = \frac{(6.626 \times 10^{-34})^2}{8 \times 1.0 \times 10^{-3} \times (1.0 \times 10^{-2})^2} \text{ J}$$

これをアボガドロ定数倍して $\underline{3.3 \times 10^{-37} \text{ J mol}^{-1}}$。

$n = 2$ では，$n = 1$ での値を4倍して $\underline{1.3 \times 10^{-36} \text{ J mol}^{-1}}$。

▶**注**：n は整数であるので，無限の有効数字をもつ。

❑**12.** 質量 m の粒子が長さ a の1次元の箱型ポテンシャルの中に閉じ込められているとする。基底状態におけるド・ブロイ波長 λ を求めよ。相対論的効果は考えなくてよい。

【解】 箱の中のポテンシャルエネルギーはゼロであるから，粒子のもつエネルギーはすべて運動エネルギーと考えられる。よって

$$E = \frac{h^2}{8ma^2} = \frac{p^2}{2m} \quad \text{より} \quad p = \frac{h}{2a}$$

ド・ブロイの関係式を用いて $\lambda = \dfrac{h}{p} = \underline{2a}$

❏**13.** 位置の不確定さが $1\,\mu m$ であるとき，運動量の不確定さ $\varDelta p$ は，いくら以上でなければならないか。また，対象の質量が $1\,g$ であるとすれば，速度の不確定さ $\varDelta v$ は，いくら以上か。

【解】　不確定性原理から

$$\varDelta p \geq \frac{h}{4\pi \times \varDelta x} = \frac{6.63 \times 10^{-34}}{4\pi \times 1 \times 10^{-6}} = \underline{5 \times 10^{-29}\,\mathrm{kg\,m\,s^{-1}}}$$

速度の不確定さは，これを質量で割って

$$\varDelta v = \frac{\varDelta p}{m} = \frac{\varDelta p}{1 \times 10^{-3}} \geq \underline{5 \times 10^{-26}\,\mathrm{m\,s^{-1}}}$$

❏**14.** 「絶対零度では，原子や分子の運動がすべて止まる」と言われることがある。本当にそのようなことがあるだろうか。

【解】　箱型ポテンシャルを考えると最低のエネルギー状態でも運動エネルギーはゼロにはならないので，絶対零度でも原子や分子の運動がすべて止まることはないと考えられる。また，不確定性原理からも，運動量をゼロとしてしまうと位置の不確定さを無限大としなければならなくなるという問題が生じる。

❏**15.** ボーアの原子モデルを用いて，主量子数 $n = 1$ の状態の水素原子のイオン化エネルギーを eV 単位で有効数字 3 桁で計算せよ。

【解】
$$\begin{aligned}
E(n=1) &= -\frac{2\pi^2 k^2 m_e e^4}{h^2} \\
&= -\frac{m_e e^4}{8\varepsilon_0^2 h^2} \\
&= -\frac{9.1094 \times 10^{-31} \times (1.6022 \times 10^{-19})^4}{8 \times (8.8542 \times 10^{-12})^2 \times (6.6261 \times 10^{-34})^2} = -2.1800 \times 10^{-18}\,\mathrm{J}
\end{aligned}$$

これが，$n = 1$ の状態の電子を原子核が引き留めているエネルギーに相当する。イオン化した状態（電子と原子核が無限遠に離れた状態）でのポテンシャルエネルギーをゼロとするので，主量子数 $n = 1$ の状態の水素原子のイオン化エネルギーは $2.1800 \times 10^{-18}\,\mathrm{J}$ である。$1\,\mathrm{eV}$ とは，真空中で電子 1 個を単位電圧（$1\,\mathrm{V} = 1\,\mathrm{J\,C^{-1}}$）で加速したときのエネルギーであるので，J を eV に換算するには，これを電気素量 $/\mathrm{C}$（1.6022×10^{-19}）で割ればよい。よって，eV 単位では $\underline{13.6\,\mathrm{eV}}$ と計算される。

▶**注**：エネルギーの単位として，J は原子や分子 1 個あたりで使われることもあるし，単位物質量（$1\,\mathrm{mol}$）あたりで使われることもある。一方，eV は原子や分子 1 個あたりでのみ使われる。

発 展 問 題

❏ **16.** 不確定性関係は，位置と運動量の間だけでなく，時間とエネルギーの間にも成立する。この場合，時間の不確定さとエネルギーの不確定さの積は，$\dfrac{\text{プランク定数}}{2\pi}$ よりも大きくなければならない。

$$\Delta t \Delta E \geq \frac{h}{2\pi}$$

時間の不確定さが 10 フェムト秒(1.0×10^{-14} s) の場合，エネルギーの不確定さは，少なくともいくらになるか。

【解】 $\Delta E \geq \dfrac{6.626 \times 10^{-34}}{2\pi \times 1.0 \times 10^{-14}} = 1.055 \times 10^{-20} = \underline{1.1 \times 10^{-20}}$ J

❏ **17.** 持続時間が 10 フェムト秒で中心波長が 800 nm のレーザーの波長の不確定さを，不確定性関係に基づいて計算せよ。

【解】 $E = h\nu = \dfrac{hc}{\lambda}$ より，$|\Delta E| = hc \dfrac{|\Delta\lambda|}{\lambda^2}$

前問の結果を用いて

$$|\Delta\lambda| \geq \frac{1.055 \times 10^{-20} \times (800 \times 10^{-9})^2}{6.626 \times 10^{-34} \times 2.998 \times 10^8} = \underline{3.4 \times 10^{-8}} \text{ m} \quad (34 \text{ nm})$$

❏ **18.** HI 分子の結合エネルギーは 3.054 eV である。気体の HI 分子を波長 250 nm の光で分解した際に発生する H 原子と I 原子の運動エネルギーの和はいくらか。また，光分解の際，H 原子と I 原子のもつ運動量の絶対値が等しいとすると，H 原子の飛び出す速さはいくらになるか。光分解前の HI 分子は静止しているとし，光子のもつ運動量は考えなくてよい。

【解】 光分解前の運動エネルギーをゼロとすると，H 原子と I 原子の運動エネルギーの和は，波長 250 nm の光子 1 個あたりのエネルギー

$$\frac{hc}{\lambda} = \frac{6.6261 \times 10^{-34} \times 2.9979 \times 10^8}{250 \times 10^{-9}} = 7.9458 \times 10^{-19} \text{ J}$$

と HI の結合エネルギー 3.054 eV $= 4.89306 \times 10^{-19}$ J の差に相当し，3.0527×10^{-19} $= \underline{3.05 \times 10^{-19}}$ J

H 原子と I 原子の質量と光分解後の速さをそれぞれ m_H, m_I, v_H, v_I とすると，運動エネルギーの和は，3.0527×10^{-19} J であるから

$$\frac{1}{2} m_H v_H^2 + \frac{1}{2} m_I v_I^2 = 3.0527 \times 10^{-19} \text{ J}$$

H 原子と I 原子の 1 個あたりの質量は

$$m_H = \frac{1.0 \times 10^{-3}}{6.02214 \times 10^{23}} \text{ kg}, \qquad m_I = \frac{126.9 \times 10^{-3}}{6.02214 \times 10^{23}} \text{ kg}$$

運動量の絶対値が等しいこと $(m_H v_H = m_I v_I)$ を用いると

$$\frac{1}{2} m_{\mathrm{H}} v_{\mathrm{H}}{}^2 + \frac{1}{2} m_{\mathrm{I}} \left(\frac{m_{\mathrm{H}} v_{\mathrm{H}}}{m_{\mathrm{I}}} \right)^2 = 3.0527 \times 10^{-19} \ \mathrm{J}$$

$$m_{\mathrm{H}} \left(1 + \frac{m_{\mathrm{H}}}{m_{\mathrm{I}}} \right) v_{\mathrm{H}}{}^2 = 2 \times 3.0527 \times 10^{-19} \ \mathrm{J}$$

数値を代入して

$$\frac{1.0 \times 10^{-3}}{6.02214 \times 10^{23}} \left(1 + \frac{1.0}{126.9} \right) v_{\mathrm{H}}{}^2 = 2 \times 3.0527 \times 10^{-19} \ \mathrm{J}$$

よって，$v_{\mathrm{H}} = 1.910 \times 10^4 = \underline{1.9 \times 10^4 \ \mathrm{m \, s^{-1}}}$ が H 原子の飛び出す速さになる。

□**19.** 1次元の箱型ポテンシャルを仮定したシュレーディンガー方程式に対応する微分方程式 $\dfrac{\mathrm{d}^2 y}{\mathrm{d} x^2} = -m^2 y \ (m > 0)$ の一般解を求めよ。（「微分方程式」については付録(2)参照。）

【解】

$$\frac{\mathrm{d}^2 y}{\mathrm{d} x^2} = -m^2 y$$

両辺に $2 \dfrac{\mathrm{d} y}{\mathrm{d} x}$ をかけて

$$2 \frac{\mathrm{d} y}{\mathrm{d} x} \times \frac{\mathrm{d}^2 y}{\mathrm{d} x^2} = 2 \frac{\mathrm{d} y}{\mathrm{d} x} \times (-m^2 y)$$

$$\frac{\mathrm{d}}{\mathrm{d} x} \left(\frac{\mathrm{d} y}{\mathrm{d} x} \right)^2 = -m^2 \frac{\mathrm{d}}{\mathrm{d} x} y^2$$

これを積分して

$$\left(\frac{\mathrm{d} y}{\mathrm{d} x} \right)^2 = -m^2 y^2 + m^2 a^2 \qquad (a^2 \text{ は積分定数})$$

$$\frac{\mathrm{d} y}{\sqrt{a^2 - y^2}} = m \, \mathrm{d} x \qquad (-m \, \mathrm{d} x \text{ としても最終的な答えは同じ})$$

再度，積分して

$$\int \frac{\mathrm{d} y}{\sqrt{a^2 - y^2}} = mx + b \qquad (b \text{ は積分定数})$$

$y = a \sin \theta$ とおくと，$\mathrm{d} y = a \cos \theta \, \mathrm{d} \theta$ より

$$\int \frac{a \cos \theta \, \mathrm{d} \theta}{a \cos \theta} = mx + b$$

$$\theta = mx + b$$

両辺のサイン関数をとって

$$\sin \theta = \sin (mx + b)$$

よって

$$y = a \sin \theta = a \sin (mx + b)$$

これが一般解となる。（a, b は定数）

❏**20.** ボーアの原子モデルでは，原子核の質量は電子の質量に比べて十分大きいと近似している。この点をより厳密に扱うには，電子の質量を換算質量で置き換える必要がある。換算質量 μ は，電子の質量を m_e，原子核の質量を m_n とした場合，$\mu = m_e m_n / (m_e + m_n)$ で与えられる。この場合，量子数が n_1 から n_2 へ変化する遷移に対応する光の振動数 ν は

$$\nu = \frac{2\pi^2 k^2 \mu e^4}{h^3} \left| \frac{1}{n_1^2} - \frac{1}{n_2^2} \right|$$

となる。この式を用いて，質量数1の水素原子(H原子)と質量数2の重水素原子(D原子)で，$n_1 = 1$, $n_2 = 2$ とした場合の遷移(ライマン α 光)の振動数がどれだけ異なるかを計算せよ。上式に現れる静電気力の比例定数 k は真空の誘電率を ε_0 とすると $1/(4\pi\varepsilon_0)$ で表される。重水素原子の原子核の質量を水素原子の原子核(陽子)の質量 m_p の 1.9989 倍とする。

【**解**】 静電気力の比例定数は，

$$k = \frac{1}{4\pi\varepsilon_0} = 8.987552 \times 10^9 \text{ N m}^2 \text{ C}^{-2}$$

原子核の質量を無限大と仮定した場合のライマン α 光の振動数は

$$\nu = \frac{2\pi^2 k^2 m_e e^4}{h^3} \left| 1 - \frac{1}{4} \right| = \frac{3\pi^2 k^2 m_e e^4}{2h^3} = 2.467383 \times 10^{15} \text{ s}^{-1}$$

m_e の部分に換算質量 μ を代入して，振動数の差を計算すると

$$\begin{aligned}
\nu_D - \nu_H &= \frac{3\pi^2 k^2 e^4}{2h^3} (\mu_D - \mu_H) \\
&= \frac{3\pi^2 k^2 m_e e^4}{2h^3} m_p \left(\frac{1.9989}{m_e + 1.9989 m_p} - \frac{1}{m_e + m_p} \right) \\
&= 2.467383 \times 10^{15} \times 1.672622 \times 10^{-27} \times (5.977009 \times 10^{26} - 5.975383 \times 10^{26}) \\
&= 6.7105 \times 10^{11} = \underline{6.7 \times 10^{11} \text{ s}^{-1}}
\end{aligned}$$

これが，H原子とD原子のライマン α 光の振動数の差となる。
(実測値は 6.71×10^{11} s^{-1})

▶**注**：この違いはわずかに 0.03 % であるが，この違いのため，H原子からの発光をD原子は吸収できない。また，HとDの原子核の質量比は5桁で与えられているが，ν_H と ν_D の差は桁落ちのため2桁の精度しかない。

復 習 問 題

  1. Rb の炎色反応で観測される光の波長は 780 nm である。光子 1 個あたりのエネルギーおよび 1.00 nmol あたりのエネルギーを求めよ。また，光子 1 個あたりの運動量を求めよ。

  2. 波長 300 nm の光子と同じ運動量をもつ質量 1.0 g の粒子の速さはいくらか。

  3. 気体の Na 原子は，波長 589 nm の光を吸収して第一励起状態に励起される。並進速度 700 m s^{-1} で運動する Na 原子が，進行方向と反対側から来る波長 589 nm の光子を 1 個吸収する場合の運動量の減少率を計算せよ。

▶**注**：一般に，光の吸収や放出による原子の運動量や運動エネルギーの変化は小さい。しかし，少しだけ運動量（エネルギー）の異なる光子の吸収と放出を繰り返させることによって，気体原子を絶対零度近くまで冷却する技術も開発されている。

  4. 清浄な鉄の表面に波長 220 nm の紫外線を照射した。鉄表面から飛び出す電子 1 個あたりの運動エネルギーの最大値を計算せよ。また，照射光の波長を 300 nm にすると電子は飛び出すか。鉄の仕事関数を 4.67 eV とする。

  5. 150 V の電位差で加速された電子のド・ブロイ波長および 200 pm のド・ブロイ波長をもつ電子の運動エネルギーを計算せよ。相対論的効果は考えなくてよい。

  6. 原子の大きさは，ほぼ 0.2 nm である。電子が原子の中に閉じ込められている場合の運動量の不確定さ Δp はいくら以上か。また，速度の不確定さ Δv はどの程度か。さらに，それは真空中の光速の何分の一にあたるか。相対論的効果は考えなくてよい。

4 共有結合と配位結合

　希ガスなどを例外として，我々の身近に存在する物質のほとんどは，単独の原子やイオンの状態で存在するのではなく，その集合体として存在している。なぜ，ばらばらの状態ではなく，結合しようとするのであろうか。それは物質には，よりポテンシャルエネルギーの小さい状態になろうとする性質があるからである。

基 本 問 題

□1．「りんごの実が木から落ちる」「水は高きより低きに流れる」いずれも，ポテンシャルエネルギーの大小関係で説明することができる。他にも，このような例をあげよ。

【解】　鉄くぎが磁石に引き寄せられる。

　大きな天体が球形となる。

　水蒸気が結露する。

　黒鉛と酸素が化合して二酸化炭素が生成する。

　酸とアルカリが中和して塩と水になる。

▶注：自然現象の中には，気体の拡散などポテンシャルエネルギーの大小関係だけでは説明できないものもある。これについては，第9章で議論する。

□2．次の(a)から(d)の化合物の電子式を示し，水素を除き八偶説（オクテット則）で説明できることを示せ。
- (a) フッ化水素
- (b) 一酸化二窒素
- (c) エテン
- (d) 酢酸

【解】　(a)　　　　　　　(b)　　　　　　　(c)　　　　　　　(d)

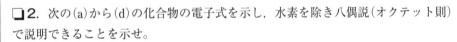

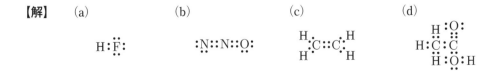

25

□**3.** 次の(a)から(d)の化合物の構造式を示せ。非共有電子対(孤立電子対)も記すこと。

    (a) ジメチルエーテル

    (b) 三フッ化窒素

    (c) ヒドラジン

    (d) 次亜塩素酸

【解】

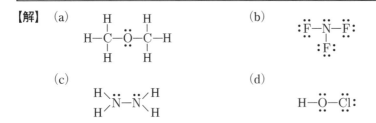

□**4.**「結合性分子軌道」と「反結合性分子軌道」について説明せよ。

【解】 結合性分子軌道とは，2つの原子間の結合を強めるような分子軌道で，原子と原子の間に電子密度がゼロとなるような領域(これを節とよぶ)がない。一方，反結合性分子軌道は，原子間の結合を弱めるような分子軌道で，原子と原子の間に電子密度がゼロとなるような節がある。

□**5.** 分子軌道の考え方を用いて，He_2^+ イオンの物理的安定性を論ぜよ。

【解】 He_2 分子は，1s 軌道から形成される結合性軌道と反結合性軌道に2個ずつの電子が入るため不安定となるが，He_2^+ イオンでは結合性軌道に2個，反結合性軌道に1個の電子が入る。結合性軌道に入る電子の方が多いため，物理的に安定な分子が形成される。

▶**注**：物理的安定性と化学的安定性は別物である。He_2^+ イオンは真空中に1個だけ存在すれば，無限の寿命をもつ。しかし，他に反応する相手があれば，容易に反応して消滅する。この点は，基底状態の水素原子や酸素原子も同様で，物理的には安定であるが，化学的には不安定である。

□**6.**「配位結合」について説明せよ。

【解】 結合を形成する2個の原子の間で，一方の原子の非共有電子対を両者が共有することでできる化学結合。

▶**注**：一般に，金属イオンに非共有電子対をもつ分子または陰イオンが配位結合したイオンを錯イオンとよぶ。たとえば，$[Cu(NH_3)_4]^{2+}$(テトラアンミン銅(II)イオン)は銅(II)イオンにアンモニア分子が4個配位結合した錯イオンである。

❑**7.** ボラン BH_3 とアンモニア NH_3 は結合して錯体を形成する。構造式を示し、ボランとアンモニアの間の結合について説明せよ。

【解】

$$H-\overset{\overset{\displaystyle H}{|}}{\underset{\underset{\displaystyle H}{|}}{N}}\rightarrow\overset{\overset{\displaystyle H}{|}}{\underset{\underset{\displaystyle H}{|}}{B}}-H$$

窒素原子が2個の電子を供与し、ホウ素原子と配位結合する。矢印は配位結合を表す。

❑**8.** 水とアンモニアから水酸化物イオン OH^- とアンモニウムイオン NH_4^+ が生成する反応について、次の問いに答えよ。

(a) この反応で配位結合は形成されるか。形成される場合、どのように形成されるかを説明せよ。

(b) 水酸化物イオンとアンモニウムイオンの電子式を示し、各元素の形式電荷を計算せよ。

【解】 (a) 形成される。水から遊離したプロトンの空の軌道へアンモニアの非共有電子対が供与され、アンモニウムイオンとなる過程において配位結合が形成される。

(b)

$$H\colon\!\overset{\cdot\cdot}{\underset{\cdot\cdot}{O}}\colon^-$$

水酸化物イオン

$$H\colon\!\overset{\overset{\displaystyle H}{\cdot\cdot}}{\underset{\underset{\displaystyle H}{\cdot\cdot}}{N}}\colon\!H^{\,+}$$

アンモニウムイオン

水酸化物イオンの水素の形式電荷は、$1-\dfrac{2}{2}-0=\underline{0}$。酸素の形式電荷は、$6-\dfrac{2}{2}-6=\underline{-1}$。アンモニウムイオンの水素の形式電荷はいずれも、$1-\dfrac{2}{2}-0=\underline{0}$。窒素の形式電荷は、$5-\dfrac{8}{2}-0=\underline{+1}$。

▶**注**：各元素の形式電荷の総和とイオンの電荷は一致する。

応 用 問 題

❑**9.** フルオロニウムイオン H_2F^+ と硫酸イオン SO_4^{2-} の電子式を八偶説に基づいて記し、それぞれ1価の陽イオンと2価の陰イオンになることを形式電荷の計算により示せ。

【解】 フルオロニウムイオンの電子式は以下のとおり。ここで●はフッ素に所属していた電子、○は水素に所属していた電子を表す。

$$H\,\overset{\cdot\cdot}{\underset{\cdot\cdot}{\circ\,F\,\circ}}\,H^{\,+}$$

フッ素の形式電荷＝$7-\dfrac{4}{2}-4=+1$，水素の形式電荷＝$1-\dfrac{2}{2}-0=0$ となるため、全体として1価の陽イオンになる。

　硫酸イオンの電子式は以下のとおり。ここで，●は硫黄に所属していた電子，○は酸素に所属していた電子，◉はイオンの価数にあわせるために付け加えた電子を表す。

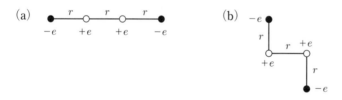

　　硫黄の形式電荷 $= 6 - \dfrac{8}{2} - 0 = +2$，　酸素の形式電荷 $= 6 - \dfrac{2}{2} - 6 = -1$

硫黄が1個，酸素が4個あるので，$2 - 1 \times 4 = -2$ より全体として2価の陰イオンになる。

□**10.** 電子と陽子が，下図のように，(a) 一直線上に並んだ場合と，(b) クランク型に並んだ場合の静電ポテンシャルエネルギーを計算し，2個の水素原子の状態でいるよりもポテンシャルエネルギーが大きいことを示せ。r は水素原子における電子と陽子の間の距離である。

(a)　●—r—○—r—○—r—●
　　　 $-e$　　$+e$　　$+e$　　$-e$

(b)　$-e$ ●
　　　　　│ r
　　　　　○—r—○ $+e$
　　$+e$　　　　　│ r
　　　　　　　　　● $-e$

【解】　(a) クーロンの法則の比例定数を k とする。2個の水素原子が無限に離れて存在する場合には，静電ポテンシャルエネルギーは $-2ke^2/r$ となる。これに対して，直線状に並んだ場合のポテンシャルエネルギー V は次のようになり，$-2ke^2/r$ よりも大きくなる。

$$V = -\frac{ke^2}{r} - \frac{ke^2}{2r} + \frac{ke^2}{3r} + \frac{ke^2}{r} - \frac{ke^2}{2r} - \frac{ke^2}{r}$$

$$= -\frac{5ke^2}{3r} > -\frac{2ke^2}{r}$$

　(b) クランク状の場合も同様に計算すると，ポテンシャルエネルギーは $-2ke^2/r$ よりも大きくなる。

$$V = -\frac{ke^2}{r}\left(1 + \frac{2}{\sqrt{2}} - \frac{1}{\sqrt{5}}\right) \approx -1.97\frac{ke^2}{r} > -\frac{2ke^2}{r}$$

▶**注**：電子と陽子が正方形の頂点に交互に並んだ場合のポテンシャルエネルギーは，2個の水素原子が離れた状態でいるときよりも小さくなる。

❏**11.** O_2^+ の結合エネルギーは O_2 のものよりも大きく，N_2^+ の結合エネルギーは N_2 のものよりも小さいことを分子軌道のエネルギー状態図を用いて説明せよ。

【解】 O_2 と N_2 の分子軌道のエネルギー状態図は下図のようになる。

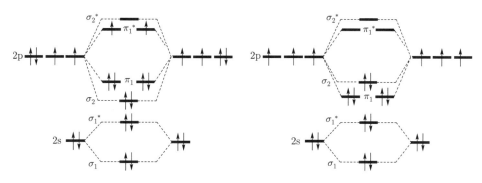

| O の原子軌道 | O_2 の分子軌道 | O の原子軌道 | | N の原子軌道 | N_2 の分子軌道 | N の原子軌道 |

O_2^+ では O_2 に比べて，反結合性軌道（π_1^* 軌道）に入る電子が減るので，結合エネルギーは大きくなる。一方，N_2^+ では N_2 に比べて，結合性軌道（σ_2 軌道）に入る電子が減るので結合エネルギーは小さくなる。

▶**注**：N_2 において，σ_2 軌道と π_1 軌道のエネルギーが逆転している理由は，N 原子の 2s 軌道と 2p 軌道のエネルギー差が小さいため，σ_2 軌道と σ_1 軌道の相互作用が強く，σ_2 軌道を押し上げるためである。

❏**12.** 以下の分子（イオン）を物理的に安定なものとそうでないものに分け，安定なものについて結合エネルギーの大きい順に並べよ。

$$O_2^{2+}, \quad O_2^+, \quad O_2, \quad O_2^-, \quad O_2^{2-}$$

【解】 すべて結合性軌道に入る電子数が，反結合性軌道に入る電子数を上回るため安定である。

$O_2^{2+} > O_2^+ > O_2 > O_2^- > O_2^{2-}$ の順（結合性軌道に入る電子数と反結合性軌道に入る電子数の差の大きい順）に結合エネルギーは低下する。

❏**13.** フッ素分子 F_2 について，次の問いに答えよ。

（a）フッ素分子の原子軌道と分子軌道のエネルギー状態図を電子スピンの向きも含めて示せ。

（b）フッ素—フッ素結合は，一重結合，二重結合，三重結合のいずれになるか。理由を付して答えよ。

（c）フッ素分子と酸素分子では，どちらの結合が強いか。

【解】 (a)

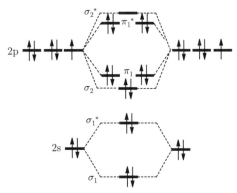

Fの原子軌道　　F₂の分子軌道　　Fの原子軌道

(b) 結合性軌道に入る電子の数と反結合性軌道に入る電子の数の差が 2 個であるので一重結合となる。

(c) 酸素では反結合性の π_1^* 軌道に入る電子の数が 2 個だけであり，結合性軌道に入る電子の数と反結合性軌道に入る電子の数の差が 4 個であるので，酸素分子の結合の方がフッ素分子よりも強い。

□ 14. Al^{3+} イオンを含む水溶液に NaOH を適量加えると $Al(OH)_3$ が沈殿する。しかし，この沈殿は過剰の試薬(NaOH)に溶ける。この現象を錯イオンの形成によって説明せよ。

【解】 $Al(OH)_3$ は電気的に中性であり，正三角形構造であるため極性をもたず，水和によるエネルギーの低下は小さいので $Al(OH)_3$ 同士が結合し沈殿を形成する。一方，過剰の OH^- が加わると $Al(OH)_3$ 中の Al と OH^- が配位結合し $[Al(OH)_4]^-$ が形成される。この錯イオンは，電荷を有するため互いに反発し，再びばらばらになる。さらに $[Al(OH)_4]^-$ の水和により，全体のエネルギーが低下する。

発 展 問 題

□ 15. OH, CH_3, NO の電子式を示し，不対電子を有することを示せ。

【解】 いずれも電子の数が奇数であるので不対電子が存在する。白丸が不対電子を示している。

$$H\!:\!\overset{\circ}{\underset{\cdot\,\cdot}{\overset{\cdot\,\cdot}{O}}} \qquad H\!:\!\overset{\circ}{\underset{H}{C}}\!:\!H \qquad \overset{\circ}{\underset{\cdot\,\cdot}{N}}\!:\!\!:\!\overset{\cdot\,\cdot}{\underset{\cdot\,\cdot}{O}}\!:$$

❏**16.** 対を作らない電子は，小さな磁石とみなすことができる。そのため，不対電子をもつ分子は小さな磁石となり，磁石によって引き付けられる。この性質を常磁性とよぶ。O_2 分子は不対電子をもつため常磁性となり，液体酸素が磁石に引き寄せられる様子などは容易に観察することができる。O_2^- および O_2^+ について，次の問いに答えよ。

(a) O_2^- および O_2^+ の分子軌道の電子配置を記し，常磁性であることを示せ。

(b) O_2, O_2^- および O_2^+ の結合次数を求めよ。なお，結合次数は次式で与えられる。

$$結合次数 = \frac{(結合性分子軌道の電子数) - (反結合性分子軌道の電子数)}{2}$$

【解】　(a) 2s 軌道および 2p 軌道から形成される分子軌道の電子配置は，以下のようになる。

$$O_2^- : (\sigma_1)^2 (\sigma_1{}^*)^2 (\sigma_2)^2 (\pi_1)^4 (\pi_1{}^*)^3$$
$$O_2^+ : (\sigma_1)^2 (\sigma_1{}^*)^2 (\sigma_2)^2 (\pi_1)^4 (\pi_1{}^*)^1$$

どちらも不対電子を有するので常磁性を示す。

(b) O_2 の結合次数は <u>2</u>，O_2^- の結合次数は <u>1.5</u>，O_2^+ の結合次数は <u>2.5</u> となる。

❏**17.** 気体の B_2 分子は常磁性を示すことから，不対電子を有することがわかっている。分子軌道の考え方に従い，B_2 分子の分子軌道の電子配置を示せ。

【解】　N_2 と O_2 で，π_1 軌道と σ_2 軌道のエネルギーが逆になっていることを考えると，B_2 分子の場合，どちらの軌道のエネルギーが低いかは，にわかには判定できない。1s 電子を除いた電子の数は 6 個であるので，B_2 の電子配置は

$$(\sigma_1)^2 (\sigma_1{}^*)^2 (\sigma_2)^2$$
$$(\sigma_1)^2 (\sigma_1{}^*)^2 (\pi_1)^2$$

のどちらかであると考えられる。前者の場合，不対電子は存在せず常磁性とはならない。一方，後者であれば，不対電子が存在しうる。よって，電子配置は，後者の $(\sigma_1)^2 (\sigma_1{}^*)^2 (\pi_1)^2$ であると考えられる。

▶**注**：σ_2 軌道と π_1 軌道のエネルギーがたまたま同じで，$(\sigma_1)^2 (\sigma_1{}^*)^2 (\sigma_2)^1 (\pi_1)^1$ となる可能性は，別の実験結果から否定される。

❏**18.** H_2 と H_2^+ に関する次の問いに答えよ。

(a) H_2^+ の結合エネルギーは 2.65 eV，H_2 の結合エネルギーは 4.48 eV である。H_2 では H_2^+ に比べ，結合に関与する電子の数が 2 倍になるのに，結合エネルギーが 2 倍にならない理由を説明せよ。

(b) H_2 と H_2^+ で核間距離が大きいのはどちらか。理由を付して答えよ。

【解】　(a) 2つの電子間の反発によるポテンシャルエネルギーの上昇が原因と考えられる。

　(b) H_2^+ の方が大きいと予想される。原子核(陽子)同士の静電斥力による反発ポテンシャルはどちらも変わらないので，結合エネルギーが小さい H_2^+ の核間距離の方が大きくなると予想される。(実測値は 74 pm と 105 pm)

□19. 分子軌道の考え方を用いて，第一励起状態の He_2 分子の物理的安定性を論ぜよ。

【解】　基底状態の He_2 分子では結合性軌道と反結合性軌道に2個ずつ電子が入り，不安定である。一方，第一励起状態では，反結合性軌道にある電子の1個が 2s 軌道から形成される結合性軌道に移る。そのため，結合性軌道に入る電子の数の方が多くなり，物理的に安定な分子が形成される。

▶**注**：第一励起状態の He_2 分子では，外殻の2個の電子のスピンが同じ向きであり，基底状態への光学遷移は起こりにくく，衝突による失活がなければ長い寿命をもつことが知られている。

□20. アミノ酸の一種であるアラニンの構造式は，下図のように書ける。アラニンは，中性水溶液中ではカルボキシ基からプロトンが移動することにより，形式電荷を有する構造に変化する。以下の問いに答えよ。

　(a) 中性水溶液中での，プロトン移動後のアラニンの構造式を，形式電荷を明確にして示せ。

　(b) (a)で解答した構造式は，どのような結合の形成により得られるか説明せよ。

【解】　(a)

　(b) カルボキシ基から遊離したプロトンの空の軌道に，アミノ基の窒素の非共有電子対が供与される配位結合により生成する。

復 習 問 題 ────────────────────

1. 次の(a)から(d)の化合物の電子式を示し,水素を除き八偶説で説明できることを示せ。

   (a) 過酸化水素

   (b) プロペン

   (c) メチルアミン

   (d) ホルムアルデヒド

2. アジ化水素,ジアゾメタンが次のような構造をもつとして,形式電荷をそれぞれ計算せよ。

$$H-N=N=N \qquad CH_2-N\equiv N$$

3. 次の分子(a),(b)は,物理的に安定に存在するか。分子軌道の考え方に基づいて論ぜよ。

   (a) Li_2

   (b) Be_2

4. 以下の分子(イオン)を物理的に安定なものとそうでないものに分け,安定なものについて結合エネルギーの大きい順に並べよ。

$$F_2^{2+}, \ F_2^+, \ F_2, \ F_2^-, \ F_2^{2-}$$

5. 次の分子の結合次数(問 16 参照)を答えよ。

$$H_2, \ He_2, \ Li_2, \ Be_2, \ B_2, \ C_2, \ N_2, \ O_2, \ F_2, \ Ne_2$$

5 共有結合分子の構造

炭素原子の電子配置は $1s^2\,2s^2\,2p_x^1\,2p_y^1$ で不対電子は 2 個である。それなのにメタンは CH_4 で，4 個の H 原子と結びついている。メタンだけではない。ほとんどの有機化合物では，炭素は 4 本の結合手をもっている。なぜだろうか。それを説明するのが，ポーリングが提唱した混成軌道という考え方である。

基 本 問 題

□ 1．硫化水素 H_2S，ホスフィン PH_3，硫化カルボニル（酸化硫化炭素）OCS，エテン C_2H_4 の分子構造を電子対反発則で予測せよ。

【解】　電子対反発則では，分子を剛体球が棒状の共有電子対により結合されたものとし，非共有電子対も棒状に広がっていると仮定する。そして，棒状の電子対間には静電的反発力が働き，この反発力が最も小さくなるように電子対を配置する。

H_2S は，2 つの H–S 結合と 2 対の非共有電子対からできているので，この 4 つの電子対間の静電的反発力が最も小さくなるような配置，すなわち，S を頂点とする二等辺三角形構造となる。

PH_3 では，3 つの H–P 結合と 1 対の非共有電子対からできているので，P を頂点とする三角錐構造となる。

OCS では，C を中心に 2 つの二重結合があると考え，構造は直線となる。電子対反発則では，二重結合も負電荷を帯びた 1 つの棒として考える。

C_2H_4 では，両端に 2 つずつある H–C 結合と C=C 間の二重結合の反発が最小となるように，H–C–H や H–C=C の結合角が 120° に近いものとなる。

□ 2．エテン $CH_2=CH_2$ とプロペン $CH_3-CH=CH_2$ の構造を混成軌道の考えで解説し，エテンの平面構造が混成軌道の概念なら説明できるが，電子対反発則では説明できないことを示せ。

【解】　エテン $CH_2=CH_2$ では，2 個の C 原子が sp^2 混成軌道による σ 結合と混成に関与しない p 電子による π 結合の二重結合で結ばれる。炭素間の σ 結合に関与しない残った 2 つの sp^2 混成軌道は，それぞれ H 原子の 1s 軌道と重なることにより σ 結合を形成する。両端の CH_2 の作る平面は，ともに炭素間の π 軌道と直交するため，分子全体として平面構造となる。なお，電子対反発則では，π 軌道という概念は出てこないため，両端の CH_2 面の関係は出ず，平面構造を説明することはできない。

　プロペン $CH_3-CH=CH_2$ では，中央の C 原子と右端の C 原子は sp^2 混成軌道による σ 結合と混成に関与しない p 電子による π 結合の二重結合で結ばれる。左端の C 原子は，sp^3 混成軌道によりエテンの H 原子に置換する形で中央の C 原子に結合し，3 個の C 原子は折れ線構造となる。左端の C 原子に結合した 3 個の H 原子を除いて平面構造となる。

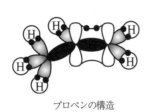 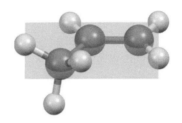

プロペンの構造

　❏ **3.** 水とアンモニアの立体的な構造を混成軌道の概念を用いて説明せよ。また，メタンの構造が sp^3 混成軌道の考え方で完璧に説明できるのに対して，水やアンモニアの結合角が sp^3 混成軌道から予想される値よりずれる理由を述べよ。

【解】　H_2O 分子の O 原子は sp^3 混成軌道を形成し，H 原子との共有電子対が 2 つ，非共有電子対が 2 つの状態で折れ線構造となる。NH_3 分子の N 原子もやはり sp^3 混成軌道を形成し，H 原子との共有電子対が 3 つ，非共有電子対が 1 つの状態となり，三角錐構造となる。水やアンモニアの非共有電子対は，共有電子対よりも大きく広ろうとする性質がある。そのため H–O–H や H–N–H の結合角は，sp^3 混成軌道から予想される値（109.5°）よりも小さくなる。

　❏ **4.** プロピン C_3H_4 のもつ三重結合について説明せよ。また，プロピンには，炭素間の σ 結合と π 結合が，それぞれいくつあるか答えよ。

【解】　プロピンの構造式は $CH_3-C≡CH$ で表され，中央の炭素と右端の炭素は，ともに sp 混成軌道を形成し，その間に 1 つの σ 結合と 2 つの π 結合による三重結合が形成される。また，左端の炭素と中央の炭素は σ 結合で結びついている。炭素間の σ 結合と π 結合はともに 2 つ存在する。

　❏ **5.** 二フッ化二窒素 $FN=NF$ は平面構造で，F–N=N の結合角は 120° に近い。この構造を混成軌道の考えで説明せよ。

$$F-\overset{..}{\underset{..}{N}}=\overset{..}{N}-F$$

【解】 N原子がsp^2混成軌道をとり，3つのsp^2混成軌道のうち，一つは2個の電子を収容して非共有電子対となる。残る2つのうち，1つはN原子同士のσ結合に関与し，もう1つがF原子とのσ結合に使われる。2個のN原子の間には混成に関与しないp電子によるπ結合があり，二重結合となる。π軌道は，F–N=N平面ともN=N–F平面とも直交し，全体として平面構造となる。

❏ 6. 硝酸イオンNO_3^-は，N原子に3個のO原子が結合していて，すべてのN–O結合の長さおよびO–N–Oの結合角は等しい。これを共鳴構造を示して説明せよ。また，各原子の形式電荷を計算せよ。

【解】 NO_3^-の極限構造としては，以下の3通りが考えられる。いずれもN原子に3個のO原子が結合した状態で，2つは一重結合で，残り1つは二重結合である。実際のNO_3^-は，これら3つの極限構造の共鳴状態であり，結合距離や結合角はすべて等しい。形式電荷は，N原子が$5-\dfrac{8}{2}-0=\underline{+1}$，一重結合で結合したO原子が$6-\dfrac{2}{2}-6=\underline{-1}$，二重結合で結合したO原子が$6-\dfrac{4}{2}-4=\underline{0}$である。

❏ 7. アンモニウムイオンの立体構造を推定せよ。

【解】 アンモニウムイオンは，アンモニアのN原子が非共有電子対をプロトンに供与して配位結合することで形成される。炭酸イオンや硝酸イオンの場合と同様に，4つの極限構造の共鳴状態と考えられ，H原子はすべて対等で正四面体構造となる。

❏ 8. 天然ゴムは，下図に示すようにイソプレンのシス型重合体である。これは共役系と言ってよいか。

【解】 二重結合と一重結合が交互ではないので，共役系ではない。

応 用 問 題

❏ **9.** 過塩素酸イオン ClO_4^- は，Cl 原子のまわりに O 原子が結合する構造を有する。次の問いに答えよ。
(a) 過塩素酸イオンの電子式を示せ。
(b) 電子対反発則を用いて，過塩素酸イオンの O–Cl–O の結合角を求めよ。

【解】 (a)

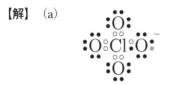

○は Cl 原子から供給される電子，●は O 原子から供給される電子，◉はイオンの価数にあわせるために付け加えた電子を表す。

(b) Cl 原子のまわりに 4 個の O 原子が配置される。4 個の O 原子は対等で，Cl–O 結合は Cl 原子を中心とした正四面体の頂点方向を向く。そのため，O–Cl–O の結合角は，すべて 109.5° となる。

❏ **10.** アレンは，3 個の炭素の間に 2 つの二重結合が連続した C=C=C の部分構造をもつ不飽和化合物の総称である。アレンの一種であるプロパ-1,2-ジエン H_2C=C=CH_2 およびブタ-1,2,3-トリエン H_2C=C=C=CH_2 の構造を混成軌道の概念を用いて予測せよ。

【解】 H_2C=C=CH_2 の場合，中央の C 原子は sp 混成軌道を，両端の C 原子は sp^2 混成軌道を形成する。まず，中央の C 原子と両端の C 原子が σ 結合で結ばれる。次に，中央の C 原子と両端の C 原子が混成に関与しない p 電子により π 結合し，炭素間の結合は二重結合となり，3 個の C 原子は直線構造を形成する。炭素原子間に形成される 2 つの π 軌道は，互いに直交する。両端の C 原子は残った sp^2 混成軌道により 2 個の H 原子と結合する。これらの CH_2 の作る平面は，ともに隣接する π 軌道と直交するため，両端の CH_2 面同士は直交する。

プロパ-1,2-ジエンの構造

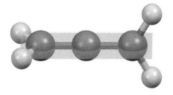

H_2C=C=C=CH_2 も同様に 4 個の C 原子は直線状となる。π 軌道は 3 つあり，隣接する π 軌道同士は互いに直交する。また，両端の CH_2 の作る平面は，それぞれ隣接する π 軌道と直交する。その結果，全体として平面構造となる。

ブタ-1,2,3-トリエンの構造

□**11.** グリシンは下図のような構造の最も単純なアミノ酸である。

（a）グリシン分子について，混成軌道の空間配置を図示せよ。

（b）1の窒素原子まわりのH–N–Hの結合角，2の炭素原子まわりのH–C–Hの結合角，および3の炭素原子まわりの4の酸素原子を含むC–C=Oの結合角を大きい順に並べ，そのように判断した理由を述べよ。

（c）この分子内のσ結合およびπ結合の数をそれぞれ答えよ。

【解】　（a）

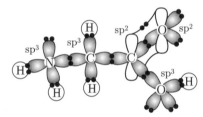

（b）大きい順に，

　　　　3の炭素原子まわり ＞ 2の炭素原子まわり ＞ 1の窒素原子まわり

となる。3の炭素原子はsp^2混成であるのでC–C=Oの結合角は120°，2の炭素原子はsp^3混成であるのでH–C–Hの結合角は109.5°，1の窒素原子もsp^3混成であるが，やや広がった非共有電子対をもつのでH–N–Hの結合角は109.5°よりもやや小さくなると予想される。

（c）σ結合：9つ（C–H結合，N–H結合等も含む），π結合：1つ

□**12.** 芳香族炭化水素であるアントラセン$C_{14}H_{10}$は，コールタール中から得られる固体で，アリザリン染料の原料として用いられる。この共鳴構造を極限構造とともに示せ。

【解】

アントラセンは，上記 4 つ極限構造の共鳴状態といえる。すべての炭素原子間の結合距離は等しく，単結合と二重結合の中間の長さとなる。

☐ **13.** 酢酸イオン CH_3COO^- の構造は，共鳴構造の概念を使って説明される。次の(a)と(b)が，酢酸イオンの共鳴構造を正しく表しているかどうかを判定し，表していない場合は，その理由を述べよ。

(a)

(b)

【解】　(b)は共鳴構造を表しているが，(a)は表していない。共鳴構造では，π 電子や非共有電子対の位置だけを変え，原子の配置は変化させない。

☐ **14.** ブタ-1,3-ジエン $CH_2=CHCH=CH_2$ の紫外線吸収スペクトルでは，220 nm 近傍にピークが存在する。類似化合物の吸収帯は，共役二重結合が 1 つ長くなるにつれて長波長側におよそ 30 nm シフトすることが知られている。また，共役系の炭素原子に直接結合するアルキル基が 1 つ増えると，およそ 5 nm 長波長側にシフトする。次の(a)から(e)の化合物の紫外線吸収極大波長を推定せよ。

　(a) ヘキサ-1,3,5-トリエン　　$CH_2=CHCH=CHCH=CH_2$

　(b) オクタ-1,3,5,7-テトラエン　　$CH_2=CHCH=CHCH=CHCH=CH_2$

　(c) 2,3-ジメチル-ブタ-1,3-ジエン　　$CH_2=C(CH_3)C(CH_3)=CH_2$

　(d) エレオステアリン酸　$CH_3CH_2CH_2CH_2CH=CHCH=CHCH=CH(CH_2)_7COOH$

　(e) リノレン酸　$CH_3CH_2CH=CHCH_2CH=CHCH_2CH=CH(CH_2)_7COOH$

【解】　(a) ヘキサ-1,3,5-トリエン：$220 + 30 = \underline{250\ nm}$

　　(b) オクタ-1,3,5,7-テトラエン：$220 + 30 \times 2 = \underline{280\ nm}$

　　(c) 2,3-ジメチル-ブタ-1,3-ジエン：$220 + 5 \times 2 = \underline{230\ nm}$

　　(d) エレオステアリン酸：$220 + 30 + 5 \times 2 = \underline{260\ nm}$

　　(e) リノレン酸：共役二重結合をもたないので，吸収極大波長は，220 nm よりも短いと考えられる。

▶**注**：これらはあくまで推定値であり，実測値とはずれる場合もある。

発 展 問 題

❏**15.** アンモニアは三角錐構造，メタンは正四面体構造と言われるが，なぜそのような構造であることがわかるのか説明せよ。

【**解**】　分子構造の正確な決定は，赤外線吸収スペクトルの測定などの分光学的手法や，固体の場合なら X 線回折像の解析によって行われる。しかし，アンモニアやメタンの場合には，その沸点や融点の測定からもアンモニアが極性分子であり，メタンが非極性分子であることが推定される。また，量子化学計算によっても分子構造を決めることができる。これは，実験的に決定が難しいフリーラジカル（遊離基）などの構造決定において，特に威力を発揮する。

❏**16.** XeF_2 分子の構造は，Xe 原子の 5p 軌道の電子 1 個が 6s 軌道に昇位することで形成される混成軌道により説明される。XeF_2 分子の構造を推定せよ。

【**解**】　5p 軌道の電子 1 個が 6s 軌道に昇位し，5p 電子と 6s 電子で sp 混成軌道を形成する。そして，2 つの sp 混成軌道と F 原子の 2p 軌道が重なることで結合が形成される。この場合，構造は直線状となる。

▶**注**：XeF_4 分子は sp^3 混成軌道では表現できず，d 軌道を含む sp^2d 混成軌道（正方平面構造）で説明される。

❏**17.** メチルラジカル CH_3 の構造を sp^2 混成軌道の考えで説明せよ。

【**解**】　C 原子が sp^2 混成軌道をとり，3 個の H 原子と結合し，正三角形平面構造となる。残る 1 個の p 電子は不対電子となる。

❏**18.** ボラン BH_3 の構造を sp^2 混成軌道の考えで説明せよ。

【**解**】　B 原子の 2s 軌道の電子が 1 個 2p 軌道へ昇位し，sp^2 混成軌道を形成して 3 個の H 原子と結合する。そのため，前問の CH_3 と同様な正三角形平面構造となるが，不対電子や非共有電子対はない。

▶**注**：BH_3 は化学的には不安定で，2 個の H 原子を介した架橋構造を有する二量体 B_2H_6 を形成する。

❏**19.** シクロプロパン $c\text{-}C_3H_6$ の 3 個の炭素原子は正三角形構造をしており，その異性体であるプロペンよりもエネルギー的に不安定である。その理由を混成軌道の概念を用いて説明せよ。

【解】 シクロプロパンには π 結合(二重結合)はな
く，C−C−C の結合角は 60° である。シクロプロ
パンの構造を sp³ 混成軌道で説明しようとすると，
sp³ 混成軌道のなす角は 109.5° より大きく外れる
ことはないので，電子の密度の高い部分が C−C
結合上にはないことになる。そのため軌道の重な

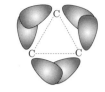
シクロプロパンの sp³ 混成軌道の重なり

りは小さく，強い結合は作られない。一方，プロペンでは炭素原子間の結合角は sp³
混成軌道と sp² 混成軌道で無理なく説明でき，C−C 結合上に電子の密度の高い部分
がくることになり，より安定な分子が形成される。(第 14 章，問 3 参照)

❏**20.** シス-1,2-ジクロロエテンとトランス-1,2-ジクロロエテンは，ともに構造
式は CHCl＝CHCl で互いに立体異性体であるが，簡単には相互に変換しない。その
理由を述べよ。

【解】 どちらの異性体も C＝C 二重結合を有する平面構造分子である。これは，sp² 混
成軌道に関与しない p 電子から形成される π 軌道が，左右両方の CHCl 面に直交する
ためである。C−H(C−Cl)結合を維持しつつ異性化をするためには，いったん左右の
CHCl 面が直交する配置をとる必要がある。しかし，このような配置では，少なく
とも片方の CHCl 面は π 軌道と直交せず，ポテンシャルエネルギーが高くなる。そのた
め，通常の条件では，容易には異性化は起こらない。

復 習 問 題

1. アルシン AsH₃，シラン SiH₄，アセトン(CH₃)₂CO の分子構造を電子対反発則で予測せよ。
アセトンについては，水素を除いた骨格構造だけでよい。

2. 硝酸の共鳴構造を示し，形式電荷を計算せよ。

3. 次の化合物の中から π 結合を含むものを選び，構造式で記せ。
　塩化水素，アンモニア，二酸化炭素，エテン，
　アセトアルデヒド，メタノール，プロパジエン

4. アセトニトリル CH₃CN，シス-2-ブテン *cis*-(CH₃)HC＝CH(CH₃)，ブタ-1,2-ジエン
H₂C＝C＝CHCH₃ および 2,2-ジメチルプロパン C(CH₃)₄ の水素を除いた骨格構造を混成軌道の
概念を用いて予測せよ。

5. ベンゼンに対して，下図のようなケクレ構造を仮定することの問題点を指摘せよ。

$$
\begin{array}{c}
\text{H} \\
\text{C} \\
\text{H−C} \quad \text{C−H} \\
\| \quad\quad \| \\
\text{H−C} \quad \text{C−H} \\
\text{C} \\
\text{H}
\end{array}
$$

6 イオン結合と水素結合

　　プラスの電荷とマイナスの電荷の間には，静電引力が働く。陽イオンと陰イオンは互い
に引かれ合い，容易に固体結晶を形成する。これがイオン結晶である。静電引力による結
合は，これだけではない。1つの分子内に電荷の偏りがあると，やはり分子間に静電引力
が働く。さらに，メタンや二酸化炭素のように一見電荷の偏りがないようにみえる分子で
も，瞬間，瞬間には電荷の偏りが発生し，そのために弱いながらも引力が働く。第6章で
は，これらの静電引力に起因する結合について学ぶ。

重要公式

二原子分子の双極子モーメント(永久双極子モーメント) μ

$$= 移動した電荷 \delta \times 結合距離 r$$

$$\mu = \delta r$$

ポーリングの電気陰性度が必要な場合は，付表の表6の値を用いよ。

基 本 問 題

□**1.** カリウム原子のイオン化エネルギーは 4.34 eV であり，臭素原子の電子親和
力は 3.36 eV である。カリウム原子と臭素原子が無限に離れている状態とカリウム
イオンと臭化物イオンが 0.282 nm まで近づいた状態のエネルギー差を J mol^{-1} 単位
で計算せよ。

【解】　4.34 eV を単位物質量(1 mol)あたりに換算すると

$$4.34 \times 6.0221 \times 10^{23} \times 1.6022 \times 10^{-19} = 4.1875 \times 10^5 \text{ J mol}^{-1}$$

3.36 eV を単位物質量(1 mol)あたりに換算すると

$$3.36 \times 6.0221 \times 10^{23} \times 1.6022 \times 10^{-19} = 3.2419 \times 10^5 \text{ J mol}^{-1}$$

0.282 nm における単位物質量(1 mol)あたりの静電ポテンシャルは

$$\frac{1}{4\pi \times 8.8542 \times 10^{-12}} \times \frac{(1.6022 \times 10^{-19})^2}{0.282 \times 10^{-9}} \times 6.0221 \times 10^{23} = 4.9269 \times 10^5 \text{ J mol}^{-1}$$

よって，イオンが近づいた状態の方が，2個の原子が無限に離れているときよりも

$$-4.1875 \times 10^5 + 3.2419 \times 10^5 + 4.9269 \times 10^5 = \underline{3.98 \times 10^5 \text{ J mol}^{-1}}$$

だけポテンシャルエネルギーが低く安定である。

❏**2.** ポーリングの電気陰性度 χ は，D を原子間の結合エネルギーとして

$$\chi_A - \chi_B = \sqrt{D_{AB} - (D_{AA} \times D_{BB})^{1/2}}$$

なる関係を満たす。H_2, Cl_2, HCl の結合エネルギーをそれぞれ 432, 239, 428 kJ mol^{-1}，H の電気陰性度 χ_H を 2.1 eV$^{1/2}$ として，Cl の電気陰性度 χ_{Cl} を求めよ。

【解】 432 kJ mol^{-1} を 1 分子あたりに換算すると

$$\frac{432 \times 10^3}{6.0221 \times 10^{23} \times 1.6022 \times 10^{-19}} = 4.4773 \text{ eV}$$

239 kJ mol^{-1} を 1 分子あたりに換算すると

$$\frac{239 \times 10^3}{6.0221 \times 10^{23} \times 1.6022 \times 10^{-19}} = 2.4770 \text{ eV}$$

428 kJ mol^{-1} を 1 分子あたりに換算すると

$$\frac{428 \times 10^3}{6.0221 \times 10^{23} \times 1.6022 \times 10^{-19}} = 4.4359 \text{ eV}$$

Cl の方が電気陰性度は大きいと考えられるので

$$\chi_{Cl} - \chi_H = \sqrt{D_{HCl} - (D_{Cl_2} \times D_{H_2})^{1/2}} = \{4.4359 - (2.4770 \times 4.4773)^{1/2}\}^{1/2} = 1.0515$$

$$\chi_{Cl} = 2.1 + 1.0515 = \underline{3.2 \text{ eV}^{1/2}}$$

▶**注**：この値は，付表の表6の値にほぼ等しい。なお，この式からは，電気陰性度の差しか計算することができない。

❏**3.** 次の(a)から(d)の結合では，どちらの元素に電子が引きつけられるか。ポーリングの電気陰性度をもとに判断せよ。
  (a) C–Cl 結合
  (b) C–H 結合
  (c) Li–H 結合
  (d) C–Si 結合

【解】 (a) Cl (b) C (c) H (d) C

❏**4.** 次の分子の中で，永久双極子モーメントをもつものはどれか。化合物名で答えよ。
CO_2, N_2O, NH_3, O_3, CH_4, C_2H_4, C_2H_5OH, CH_3CN, $CH_3C(CH_3)=CHCH_3$, CCl_4

【解】 一酸化二窒素 N_2O，アンモニア NH_3，オゾン O_3，エタノール（エチルアルコール）C_2H_5OH，アセトニトリル（エタンニトリル，シアン化メチル，シアノメタン）CH_3CN，2-メチル-2-ブテン（アミレン，ペンテン）$CH_3C(CH_3)=CHCH_3$

❏**5.** ジメチルエーテル CH_3OCH_3 とエタノール C_2H_5OH は互いに異性体であり，分子量は等しい。一方，標準大気圧下での沸点は $-24\,℃$ と $78\,℃$ で大きく異なる。その理由を説明せよ。

【解】 電気陰性度の大きく異なる O 原子と H 原子の結合は大きな極性を与える。ジメチルエーテルでは O–H 結合がないため，極性は小さい。一方，エタノールには O–H 結合があり，大きな極性をもつため，強固な水素結合が形成される。そのため，エタノールを蒸発させるには，より大きなエネルギーが必要となり，より高い温度でないと沸騰しない。

❏**6.** CO 分子の双極子モーメントは $\mu_{CO} = 3.3 \times 10^{-31}$ C m，核間距離は $r_{CO} = 1.13 \times 10^{-10}$ m である。CO 分子のイオン結合性と共有結合性を計算せよ。

【解】 双極子モーメントと核間距離の比から，偏った電荷 δ_{CO} は

$$\delta_{CO} = \frac{3.3 \times 10^{-31}}{1.13 \times 10^{-10}} = 2.920 \times 10^{-21} \text{ C}$$

これは電子 1 個の電荷の 1.8% に相当するため，CO 分子は <u>1.8% のイオン結合性</u>と <u>98.2% の共有結合性</u>をもつ。

❏**7.** 一般に，物質は温度が低いほど分子運動が不活発になり，体積は収縮し密度は増大する。しかし，水は $3.98\,℃$ で最大密度 0.999973 g cm^{-3} をもち，これ以下の温度では密度が減少する。この理由を説明せよ。

【解】 水分子は大きな双極子モーメントをもっている。そのため水分子同士は，強い水素結合を形成し，$3.98\,℃$ 以下では，この水素結合による分子の整列の効果（分子間のすき間が大きくなる効果）が分子運動の低下による密度増加を上回るため，密度は減少する。

❏**8.** ヨウ素など無極性分子の分子性結晶が，低温でも昇華しやすい理由を説明せよ。

【解】 ヨウ素などでは，分子内の結合は共有結合で強い一方，分子間の結合はロンドン力によるもので弱く，容易に気体となるため。（第 7 章，問 7 参照）

応 用 問 題

❏**9.** ポーリングの電気陰性度（表 6）を用いて，極性分子のイオン結合性は次のように表現できる。

$$イオン結合性（\%）= 16|\chi_A - \chi_B| + 3.5|\chi_A - \chi_B|^2$$

ここで，χ_A および χ_B は，結合 A–B の構成元素の電気陰性度である。HF, LiF, NaCl および KBr におけるイオン結合性を求めよ。

【解】　HF：$16 \times (4.0 - 2.1) + 3.5 \times (4.0 - 2.1)^2 = 43\%$

同様にして，LiF：80%，NaCl：49%，KBr：46%

❏10. 同じ質量の水と氷を，同じ温度上昇させるのに必要なエネルギーはどちらが大きいか。理由を付して答えよ。温度上昇にともなう蒸発，融解，昇華はないものとする。

【解】　水の方が大きい。理由は，液体の水では，温度上昇させる際に一部の水素結合を切らなければならないのに対して，氷では温度を上昇させても水素結合のほとんどが保持され，状態変化が小さいため。

（比熱容量の実測値は，水が $4.2\,\mathrm{J\,K^{-1}\,g^{-1}}$，氷が $2.1\,\mathrm{J\,K^{-1}\,g^{-1}}$）

❏11. アセトアニリド分子間には酸素原子と水素原子との間の水素結合が存在する。水素結合の様子を HF の例を参考にして図示し説明せよ。

例)

Ⓕは sp^3 混成軌道によりⒽ原子と結合しているので，Ⓗ–Ⓕ–Ⓗ の角度は 109.5° となる。またⒻ–Ⓗ–Ⓕ は一直線に並ぶ。

【解】

Ⓞは sp^2 混成軌道によりⒸ原子と結合しているので，Ⓒ＝Ⓞ–Ⓗ の角度は 120° となる。またⓄ–Ⓗ–Ⓝ は一直線に並ぶ。

❏**12.** ジクロロベンゼンには，*o*-ジクロロベンゼン，*m*-ジクロロベンゼン，*p*-ジクロロベンゼンの3種類の異性体が存在し，いずれも平面構造である。C–Cl結合の双極子モーメントの大きさを μ として，3種類の異性体分子の双極子モーメントを求めよ。C–H結合の双極子モーメントは無視してよい。

o-ジクロロベンゼン　　　*m*-ジクロロベンゼン　　　*p*-ジクロロベンゼン

【解】　複数のC–Cl結合がある場合，全体の双極子モーメントは，個々のC–Cl結合のモーメントのベクトル合成により求めることができる。C–Cl結合のモーメント μ が互いに θ の角度をなすとき，合成された双極子モーメントの大きさは，$2\mu\cos(\theta/2)$ で表される。よって，*o*-ジクロロベンゼンの双極子モーメントの大きさは，$2\mu\cos30° = \underline{3^{1/2}\mu}$，*m*-ジクロロベンゼンの場合は $2\mu\cos60° = \underline{\mu}$ となる。*p*-ジクロロベンゼンでは，モーメントが打ち消し合うので $\underline{0}$ となる。

❏**13.** *o*-ジクロロベンゼンの双極子モーメントの大きさを 8.34×10^{-30} C m として，クロロベンゼンの双極子モーメントの大きさを推定せよ。

【解】　前問の結果より $\dfrac{8.34\times10^{-30}}{3^{1/2}} = \underline{4.82\times10^{-30}\,\text{C m}}$

（実測値は 5.64×10^{-30} C m で，*m*-ジクロロベンゼンの値 5.74×10^{-30} C m とほぼ一致する。）

❏**14.** 水の双極子モーメント μ_{H_2O} は 6.19×10^{-30} C m である。結合角を $104.5°$ として，O–H結合の双極子モーメント μ_{OH} を求めよ。

【解】　$2\times\mu_{OH}\times\cos\left(\dfrac{104.5°}{2}\right) = 6.19\times10^{-30}$ より，$\mu_{OH} = \underline{5.06\times10^{-30}\,\text{C m}}$

❏**15.** サリチル酸 *o*-C$_6$H$_4$(OH)COOH およびその異性体 *p*-C$_6$H$_4$(OH)COOH を例に，分子内水素結合と分子間水素結合について説明せよ。

【解】　サリチル酸では，カルボキシ基 COOH とヒドロキシ基 OH が近接しているため，

C=O の O と OH の H が分子内で相互作用する。これが，分子内水素結合である。分子内水素結合が形成される場合，分子間の水素結合は形成されにくい。

p-C$_6$H$_4$(OH)COOH では，カルボキシ基とヒドロキシ基が離れた位置にあるため，分子内水素結合は形成されず，逆に分子間で水素結合が形成されやすい。

❏**16.** 双極子—双極子相互作用によるファンデルワールス力は，温度の上昇とともに増大するか，それとも減少するか。理由を付して答えよ。

【解】 温度上昇とともに減少する。低温では，分子の回転運動はあまり起こらず，分子は双極子—双極子相互作用が強く働くような配置をとる。一方，温度が上がると分子の回転運動が活発になり，分子同士がよりエネルギー的に不安定な位置関係，すなわち，ファンデルワールス力が弱い配置になる場合が増える。

発 展 問 題

❏**17.** ペンタン，2-メチルブタン（イソペンタン），2,3-ジメチルプロパン（ネオペンタン）は互いに異性体であり，分子量は等しい。一方，標準大気圧下での沸点は，それぞれ 36℃，28℃，10℃と異なる。この理由を説明せよ。

【解】 分子1個あたりの体積は，三種の分子でそれほど変わらない。一方，形は 2,3-ジメチルプロパンが最も球形に近く，ペンタンは最も球形から外れる。すなわち，分子1個あたりの表面積は 2,3-ジメチルプロパンが最も小さく，ペンタンが最も大きい。そのため，他の分子との相互作用は 2,3-ジメチルプロパンで最小となり，ロンドン力も最小となり，沸点も最低となる。逆にペンタンでは他の分子との相互作用が最も大きく，最も高い沸点となる。

❏**18.** 分散相互作用のポテンシャル $U(r)$ は，次のレナルド・ジョーンズの経験式により表現されることが多い。

$$U(r) = U_0 \left\{ \left(\frac{r_0}{r}\right)^{12} - 2\left(\frac{r_0}{r}\right)^{6} \right\}$$

ここで，r は分子間距離であり，U_0 と r_0 は定数である。ポテンシャルの極小値とそのときの分子間距離を求めよ。

【解】 ポテンシャル $U(r)$ を微分して

$$\frac{\mathrm{d}U}{\mathrm{d}r} = U_0(-12r_0^{12}r^{-13} + 12r_0^{6}r^{-7}) = -12U_0 r_0^{6} r^{-7}(r_0^{6}r^{-6} - 1) = 0$$

より，$\underline{r = r_0}$ のとき極小値となることがわかる。そのときのポテンシャルは

$$U(r = r_0) = U_0 \left\{ \left(\frac{r_0}{r_0}\right)^{12} - 2\left(\frac{r_0}{r_0}\right)^{6} \right\} = \underline{-U_0}$$

□**19.** 希ガスである Ar 原子も，低温ではロンドン力により二量体を形成し Ar_2 分子となる。ポテンシャルは，核間距離が 0.38 nm のときに極小となり，その結合エネルギーは 1.0 kJ mol^{-1} である。このエネルギーを重力ポテンシャルの値（絶対値）と比較せよ。重力定数を $G = 6.674 \times 10^{-11}$ m^3 kg^{-1} s^{-2} とする。

【**解**】　Ar 原子 1 個の質量が $\dfrac{39.9 \times 10^{-3}}{6.022 \times 10^{23}}$ kg

重力ポテンシャル（絶対値）は，質量の積に比例し，距離に反比例するので

$$6.674 \times 10^{-11} \times \frac{(39.9 \times 10^{-3}/6.022 \times 10^{23})^2}{0.38 \times 10^{-9}} = 7.710 \times 10^{-52} \text{ J}$$

単位物質量（1 mol）あたりに換算して
$$7.710 \times 10^{-52} \times 6.022 \times 10^{23} = 4.6 \times 10^{-28} \text{ J mol}^{-1}$$

この値は，分散相互作用による結合エネルギーに比べて，31 桁小さく十分無視できる。

▶**注**：このように，原子や分子の結合において，重力の影響は例外なく無視できる。

□**20.** 仮に水が直線分子だったら，地球環境にどのような変化があるだろうか。

【**解**】　無極性分子が水に溶けやすくなるとか，氷が水に沈むようになるとか，いろいろ考えられるが，より重要な点は，強い水素結合による大規模な網目構造を形成しなくなった水の沸点や融点が低下し，液体や固体の水が存在しなくなることであろう。そのため，少なくとも現在みられるような生命体は誕生しなかったであろう。また，直線分子となっても二酸化炭素と同様に地表から発せられる赤外線は吸収するので，地球の温度は現状よりも高温になったであろう。さらに長期的には，対流圏で循環することのなくなった水蒸気は高層まで拡散し，太陽からの紫外光により分解され，生成した水素原子は宇宙空間へ散逸し，地球上に水は存在しなくなったであろう。

復 習 問 題

1. セシウム原子のイオン化エネルギーは 3.89 eV であり，ヨウ素原子の電子親和力は 3.06 eV である。セシウム原子とヨウ素原子が無限に離れている状態とセシウムイオンとヨウ化物イオンが 0.332 nm まで近づいた状態のエネルギー差を J mol^{-1} 単位で計算せよ。

2. 次の表のデータを使い，H, F および Cl のマリケンの電気陰性度を計算せよ。また，HCl, HF および ClF 分子において共有結合の電子が偏るのはどちらか。

	イオン化エネルギー/eV	電子親和力/eV
H	13.6	0.8
F	17.4	3.4
Cl	13.0	3.6

3. 次の(a)から(d)の結合では，どちらの元素に電子はより引き付けられるか。ポーリングの電気陰性度をもとに答えよ。

(a) C–F 結合

(b) Si–H 結合

(c) Mg–H 結合

(d) C=O 結合

4. 次の分子の中で，極性分子はどれか。化合物名で答えよ。

$$H_2S, \quad BeH_2, \quad PH_3, \quad ICl, \quad CH_3OH, \quad CH_3CF_3, \quad C_2F_6$$

5. 水素化リチウム LiH の双極子モーメントは 1.96×10^{-29} C m，核間距離は 159.6 pm である。LiH のイオン結合性を求めよ。

7 固体の化学

　原子や分子が空間的に規則正しく繰り返し配列されている固体を結晶という。結晶というと，水晶やみょうばんの結晶を思い起こす人が多いと思う。しかし，実は，ほとんどの金属は結晶である。違いは肉眼で見えるか，顕微鏡を使わないと見えないかである。人間の目から見ると大きな違いであるが，原子の大きさに比べるとどちらの結晶も巨大である。

基 本 問 題

❏1. ブラベ格子とはなにか，説明せよ。

【解】　結晶は，それぞれの構成粒子に特有な規則的配列をもっている。その構造を分類すると，立方，正方，斜方，三斜，六方，単斜，三方の7晶系と，これをさらに細分化した単純立方，体心立方，面心立方等の14種類のパターンが存在する。これらのパターンをブラベ格子とよぶ。

❏2. 金属に共通する特有な性質を述べ，それらが何に起因するかを述べよ。

【解】　金属には，高い電気伝導性，高い熱伝導性，高い延性，高い展性，高い可視光線反射性（金属光沢）といった性質がある。これらの性質はすべて，金属が自由電子をもっていることに起因する。

❏3. 金属アルミニウムの結晶は面心立方格子構造である。単位胞（単位格子）の一辺の長さを 0.405 nm として，アルミニウムの密度を求めよ。

【解】　面心立方格子では，単位胞に含まれる原子の数は $4\,(=8\times1/8+6\times1/2)$ 個である。Al のモル質量は $27.0\ \mathrm{g\ mol^{-1}}$ であるので，$0.405^3\ \mathrm{nm^3}$ 中に $\dfrac{4\times27.0\times10^{-3}}{6.0221\times10^{23}}\ \mathrm{kg}$ の原子が含まれる。質量と体積の比をとって，密度は

$$\frac{4\times27.0\times10^{-3}/6.0221\times10^{23}}{(0.405\times10^{-9})^3}=\underline{2.70\times10^{3}\ \mathrm{kg\ m^{-3}}}\quad(2.70\ \mathrm{g\ cm^{-3}})$$

❏4. モリブデンの結晶は体心立方格子構造であり，その密度は $10.2\ \mathrm{g\ cm^{-3}}$ である。単位胞の一辺の長さを求めよ。

【解】　体心立方格子では，単位胞に含まれる原子の数は $2\left(=8\times\dfrac{1}{8}+1\times1\right)$ 個である。単位胞の一辺の長さを x とすると，Mo のモル質量は $96.0\ \mathrm{g\ mol^{-1}}$ であるので，密度は $\dfrac{2\times96.0/6.0221\times10^{23}}{x^3}=10.2\ \mathrm{g\ cm^{-3}}$ となり，これより $x=\underline{3.15\times10^{-8}\ \mathrm{cm}}$

□**5.** 固体の塩化ナトリウムは電気伝導性を示さないが，水溶液になると電気を導く。電気的性質が大きく変わる理由を説明せよ。また，塩化ナトリウムを加熱融解させた場合，電気伝導性を示すだろうか。

【解】　固体の塩化ナトリウムは，イオン結晶であり自由電子をもたない。結晶を構成する陽イオンや陰イオンも動くことはできず，電気のキャリアにはならないため電気伝導性を示さない。しかし，水に溶解すると，水和した状態で動けるようになった各イオンがイオン伝導性を示す。加熱融解させた場合にも，イオンは動ける状態になるのでイオン伝導性を示す。

□**6.** NaCl と CsBr はともにハロゲン化アルカリであるにもかかわらず，その結晶構造が異なる。その理由を説明せよ。

【解】　NaCl では陽イオン半径と陰イオン半径の比（イオン半径比）が 0.414（6 配位の場合の理論値）と 0.732（8 配位の場合の理論値）の間であるため，8 配位（1 個の陽イオンが 8 個の陰イオンで囲まれる）は不安定で，6 配位（1 個の陽イオンが 6 個の陰イオンで囲まれる）となる。一方，CsBr ではイオン半径比が 0.732 よりも大きくなり 8 配位となることができる。一般に，配位数が大きい方がエネルギー的に安定であるため，CsBr は 8 配位となる。

▶**注**：一般に，イオン半径は配位数に依存する値であるが，それほど大きく依存するわけではないので，配位数が未知でもイオン半径比の概算は可能である。

□**7.** ケイ素（シリコン）とヨウ素を例に共有結合結晶と分子性結晶の凝集力について述べた後，その特徴を比較せよ。

【解】　ケイ素は共有結合結晶，ヨウ素は分子性結晶の代表例である。ケイ素の結晶では，原子が 4 本の共有結合で正四面体構造を構成している。一方，ヨウ素では，共有結合で結びついた 2 個の I 原子からなる I_2 分子が，さらに分散相互作用で凝集している。共有結合は分散相互作用に比べてはるかに強く，共有結合結晶では硬い結晶が形成される。一方，分子性結晶は，分子間の結合力が弱いため一般に軟らかい。また，共有結合結晶に比べて，融点が低く容易に昇華するものも多い。共有結合結晶を溶媒に溶かすことは，強固な結合を切断しなければならないことから困難であるが，分子性結晶は，構成分子が溶媒分子とも同程度の力で相互作用できるため，比較的容易に溶かすことができる。たとえば，ヨウ素はメタノールやクロロホルムに容易に溶ける。（第 6 章，問 8 参照）

□8. 半導体と絶縁体の違いをバンドモデルを用いて説明し，また，半導体が伝導性を示す理由を説明せよ。

【解】 バンドモデルにおいて，禁制帯が比較的狭い物質が半導体，広い物質が絶縁体である。半導体は，常温においても価電子帯の電子が伝導体に熱励起され電気伝導性を示すが，絶縁体では価電子帯の電子を励起するのは容易ではなく，電気伝導性をほとんど示さない。半導体では，温度上昇にともない価電子帯の電子が伝導体に励起される確率が上昇し，電気伝導率が上昇する。

□9. 真正半導体と不純物半導体について説明せよ。

【解】 真正半導体は，不純物をほとんど含まない単体のシリコンなど，正と負のキャリア密度が等しい半導体である。不純物半導体は，純粋な半導体に微量の不純物を添加した半導体で，電気伝導率は真正半導体よりも大きい。不純物半導体は，添加（ドーピング）する元素により分類され，正のキャリア（正孔）が多い場合にはp型半導体，負のキャリア（電子）が多い場合にはn型半導体とよばれる。

応 用 問 題

□10. GaP および CsCl 結晶の配位数を求めよ。イオン半径は，次のとおりとする。

$$Ga^{3+}：62\,pm，\quad P^{3-}：212\,pm，\quad Cs^{+}：167\,pm，\quad Cl^{-}：180\,pm$$

【解】 GaP のイオン半径比は 0.29 で 0.414（6配位の場合の理論値）より小さいので，陽イオンは四面体の隙間に入り，配位数は 4 となる。CsCl のイオン半径比は 0.928 で 0.732（8配位の場合の理論値）より大きいので，陰イオンが最密充填されることはなくなり配位数は 8 となる。

□11. ケイ素（シリコン）の単結晶は，右図に示すようにダイヤモンドと同様の構造をしており，その単位胞の一辺の長さ a は 0.543 nm である。ケイ素の結晶の密度と単位体積（1 cm^3）あたりの原子数を求めよ。

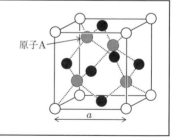

原子A

【解】 単位胞に含まれる原子の数は $8\left(=8\times\dfrac{1}{8}+6\times\dfrac{1}{2}+4\times 1\right)$ 個であるので，一辺が 0.543 nm の立方体の中にモル質量が 28.1 g mol^{-1} の原子が 8 個入っていることになる。よって，ケイ素の結晶の密度は，

$$\frac{8 \times 28.1/6.0221 \times 10^{23}}{(0.543 \times 10^{-7})^3} = \underline{2.33 \text{ g cm}^{-3}}$$

単位体積（1 cm^3）あたりの原子数は

$$\frac{8}{(0.543 \times 10^{-7})^3} = \underline{5.00 \times 10^{22} \text{ 個}}$$

▶注：ケイ素やダイヤモンドの単位胞は，同じ大きさの2組の面心立方格子が少しずれて重ね合わさった構造をしている。図中の○と●が1つの面心立方格子を形成し，原子Aが2つ目の面心立方格子の頂点にあり，4個の原子と正四面体構造で結合している。

❏**12.** 常温，常圧における鉄は α 鉄（体心立方格子構造）であるが，これを加熱すると 900 ℃を越えたところで γ 鉄（面心立方格子構造）に変化する。鉄の原子半径を r，原子1個あたりの質量を m として，α 鉄と γ 鉄の密度と充填率を求めよ。

【解】 α 鉄の単位胞には原子が $2\left(= 8 \times \dfrac{1}{8} + 1 \times 1\right)$ 個含まれる。単位胞の1辺の長さ a は

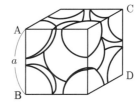

$4 \times 3^{-1/2}r$ で表される（右図参照）。AB $= a$ とすると

AC $= \sqrt{2}\,a$, AD $= \sqrt{3}\,a = 4r$ であるから，$a = \dfrac{4r}{\sqrt{3}}$

よって，密度は $\dfrac{2m}{a^3} = \underline{\dfrac{3\sqrt{3}\,m}{32r^3}}$

充填率は $\dfrac{2 \times (4/3)\pi r^3}{a^3} = \underline{\dfrac{\sqrt{3}\,\pi}{8}}$ (≈ 0.68)

γ 鉄の単位胞には原子が $4\left(= 8 \times \dfrac{1}{8} + 6 \times \dfrac{1}{2}\right)$ 個含まれる。単位胞の1辺の長さ a は

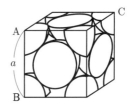

$2 \times 2^{1/2}r$ で表される（右図参照）。AB $= a$ とすると

AC $= \sqrt{2}\,a = 4r$ であるから，$a = 2\sqrt{2}\,r$

よって，密度は $\dfrac{4m}{a^3} = \dfrac{m}{4\sqrt{2}\,r^3} = \underline{\dfrac{\sqrt{2}\,m}{8r^3}}$

充填率は $\dfrac{4 \times (4/3)\pi r^3}{a^3} = \underline{\dfrac{\sqrt{2}\,\pi}{6}}$ (≈ 0.74)

❏**13.** 金属ニッケルの結晶は，面心立方格子構造である。ニッケルの金属結合半径を 124.6 pm，密度を 8.908 g cm^{-3} として，次の値を計算せよ。

(a) 単位胞の一辺の長さと体積

(b) 単位胞に含まれるニッケルの質量

(c) ニッケルの原子量

【解】 (a) 前問の結果より，面心立方格子の単位胞の一辺の長さは，結合半径の $2 \times 2^{1/2}$ 倍で

$$124.6 \times 2 \times 2^{1/2} = 352.4 \text{ pm} = \underline{3.524 \times 10^{-8} \text{ cm}}$$

単位胞の体積は，これを3乗して，$4.37713 \times 10^{-23} = \underline{4.377 \times 10^{-23} \text{ cm}^3}$

(b) 質量は，体積と密度の積から，$4.37713 \times 10^{-23} \times 8.908 = \underline{3.899 \times 10^{-22}}$ g

(c) 単位胞に含まれる原子の数は4個であるから，(b)の値を4で割ってアボガドロ定数をかけるとモル質量が58.70 g mol^{-1}と求まる。よって，原子量は$\underline{58.70}$。（実測値は58.69）

□14. 塩化セシウムの結晶では，Cl^- の形成する立方体の中心に Cs^+ が存在する。Cs^+ と Cl^- のイオン半径をそれぞれ 0.17 nm, 0.18 nm として，CsCl 結晶の密度を求めよ。

【解】 立方体型の単位胞には Cs^+ と Cl^- が1つずつ含まれている。対角線方向にイオンは接触しているので，単位胞の一辺の長さは $(0.17 + 0.18) \times \dfrac{2}{3^{1/2}}$ nm となり，単位胞の体積は 6.601×10^{-23} cm^3 となる。単位胞に含まれる粒子の質量は $\dfrac{132.9 + 35.5}{6.022 \times 10^{23}} = 2.796 \times 10^{-22}$ g であるから，密度は $\dfrac{2.796 \times 10^{-22}}{6.601 \times 10^{-23}} = \underline{4.2 \text{ g cm}^{-3}}$（実測値は 3.99 g cm^{-3}）

□15. 炭素の同素体の例をあげて，その性質を結合様式と構造から説明せよ。

【解】 (a) 黒鉛（グラファイト）： sp^{2}混成軌道による共有結合で形成された六角網目シートが，ロンドン力で重なり合った構造をもつ。色は黒色で，金属ほどではないが高い電気伝導性を有する。層状にへき開しやすく，固体潤滑剤としても利用される。グラファイトの単層シートをグラフェンとよぶ。

(b) ダイヤモンド： sp^{3}混成軌道による共有結合で形成された正四面体が立体的に繰り返された構造をもつ。自然物の中では最も硬く，金属加工機のバイトやガラスの研磨剤として用いられる。無色で高い熱伝導性を有する一方，電気伝導性は示さない。（問18参照）

(c) フラーレン： sp^{2}混成軌道の炭素原子により形成される球状分子。サッカーボール状の C_{60} が代表的。

(d) カーボンナノチューブ： sp^{2}混成軌道の炭素原子により形成される筒状分子。高い電気伝導性と熱伝導性のほか，高い引っ張り強度を有する。

□16. ケイ素（シリコン）の結晶のバンドギャップは 1.9×10^{-19} J であり，ダイヤモンドのバンドギャップは 8.8×10^{-19} J である。ケイ素の結晶は黒色に見えるのに対して，ダイヤモンドが透明な理由を説明せよ。なお，可視光の波長域は，400 〜 700 nm である。

【解】 ケイ素のバンドギャップに相当する光の波長 λ は

$$\lambda = \frac{hc}{E} = \frac{6.626 \times 10^{-34} \times 2.998 \times 10^{8}}{1.9 \times 10^{-19}} = 1.0 \times 10^{-6} \text{ m} = 1.0 \times 10^{3} \text{ nm}$$

である。一方，ダイヤモンドの場合は，

$$\lambda = \frac{6.626 \times 10^{-34} \times 2.998 \times 10^{8}}{8.8 \times 10^{-19}} = 2.3 \times 10^{-7} \text{ m} = 2.3 \times 10^{2} \text{ nm}$$

である。よって，波長が 400～700 nm の可視光によって，ケイ素の価電子帯の電子を伝導体に励起することは可能であるが，ダイヤモンドの場合には励起することができない。そのため，ケイ素の結晶は可視光全域を吸収して黒色に見えるのに対して，ダイヤモンドは透明となる。

❏ **17.** トランジスタ等の電子デバイスの作製においては，高純度の結晶シリコン（真正半導体）に微量のホウ素原子やリン原子を不純物として注入したもの（不純物半導体）が使われる。シリコン基板の純度（物質量比）を 99.999999999 %（eleven-nine），1.0 cm^3 あたりに注入される不純物原子の数を 1.0×10^{15} 個として，不純物注入前の 1.0 cm^3 あたりに存在する不純物原子の数，および注入後の不純物原子の割合（十億分率，ppb）を求めよ。シリコン結晶はダイヤモンド構造であり，単位胞の一辺の長さを 0.543 nm とする。

【解】 問 11 で計算したとおり，結晶シリコン 1.0 cm^3 あたりに 5.0×10^{22} 個の Si 原子があり，その 1×10^{-11} 倍が不純物であるので，真正半導体 1.0 cm^3 あたりの不純物の原子数は $\underline{5 \times 10^{11} \text{ 個}}$ と計算される。この値は，注入される不純物原子数に比べて無視でき，不純物注入後の不純物の十億分率は，$\dfrac{1.0 \times 10^{15}}{5.0 \times 10^{22}} = 2.0 \times 10^{-8} = \underline{20\text{ppb}}$ と計算される。

発展問題

❏ **18.** ダイヤモンドには，硬さ，化学的安定性，透明性，高い屈折率，高い電気絶縁性のほか，高い熱伝導性という特徴がある。ダイヤモンドの熱伝導率は，金属の中で最も高いとされる銀よりも高い。この高い熱伝導性は何に起因するのか。

【解】 ダイヤモンドの高い熱伝導性は，振動エネルギーの伝わりやすさによる。ダイヤモンドを構成する炭素原子間の共有結合がきわめて強いため，格子振動の伝搬速度が大きく熱伝導率も高くなる。ダイヤモンド以外の物質でも格子振動による熱伝導はあるが，ダイヤモンドほど大きくない。

▶注：金属の場合，熱伝導性も電気伝導性も主に自由電子に起因する。よって，一般に熱伝導性の高い金属は電気伝導性も高い。一方，ダイヤモンドには自由電子は存在せず，高い電気絶縁性を有する。

❑**19.** ダイヤモンドライクカーボンは，sp^2 混成軌道をなす炭素原子と sp^3 混成軌道をなす炭素原子が混ざりあった非晶質(アモルファス)の物質である。両者の比率に応じて，どのように物性が変化するかを予測せよ。また，結晶であるダイヤモンドやグラファイトと異なるどのような物性が期待されるか。

【解】 sp^2 混成軌道をなす炭素原子が多いほど，硬度は減少し，電気伝導性が高くなる。また結晶でないため，格子欠陥や結晶粒界など構造に弱いところをもたない。さらに，結晶面をもたないために特定の方向で割れるへき開を起こさないなど優れた等方性をもつ。このため，ダイヤモンドライクカーボンは，平坦性，気密性に優れ，高い硬度・低摩擦性と耐摩耗性からさまざまなコーティングに用いられる。

復 習 問 題

1. 白金の結晶は，面心立方格子構造である。単位胞の一辺の長さを 0.392 nm として，白金の密度を求めよ。

2. クロムの結晶は，体心立方格子構造である。クロムの金属結合半径を 125 pm，密度を 7.19 g cm^{-3} として以下の値を計算せよ。
  (a) 単位胞の一辺の長さと体積
  (b) 単位胞に含まれるクロムの質量
  (c) クロムの原子量

3. KCl の結晶構造は，右図のような NaCl 型である。●は K$^+$ を，●は Cl$^-$ を表す。密度を 1.984 g cm^{-3} として，単位胞の一辺の長さを求めよ。

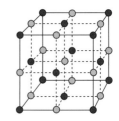

4. 閃亜鉛鉱 ZnS 型の結晶は右図のような構造をしている。●が亜鉛イオンで○が硫黄イオンである。
  (a) S^{2-} のみに着目した場合，どのような結晶構造と言えるか。
  (b) 単位胞内に Zn^{2+} と S^{2-} はそれぞれいくつ存在するか。
  (c) Zn^{2+} は何個の S^{2-} に囲まれているか。

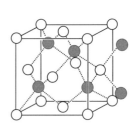

5. 半導体素子の材料として使われる結晶シリコン，アモルファスシリコン，ヒ化ガリウム，窒化ガリウムのバンドギャップはそれぞれ 1.17 eV, 1.7 eV, 1.43 eV, 3.39 eV である。対応する光の波長を求めよ。

8 物質系の変化とエネルギー

　第7章までは,「物質が原子や分子から成り立っている」という視点に立ってきた。第8章以降もその立場を否定することはない。しかし, 微視的な立場に立ちつつ, 温度や圧力などの概念を説明しようとすると, かなりの上級編となる。そこで, しばし原子や分子からは離れて, 巨視的な立場から温度, 圧力, エネルギーといったことについて考えてみよう。なお, ここで「熱」と「熱エネルギー」はまったくの別物であることを強調しておく。

重要公式

- 理想気体の状態方程式：

　　圧力×体積 = 物質量×気体定数×絶対温度　　　$PV = nRT$

- ドルトンの法則：全圧 = 分圧の和　　　$P = \sum P_i$

- 熱力学第一法則　　　$\Delta U = q - w,$　　　$dU = dq - dw$

　（$\Delta U = q - w$ は $\Delta U = \Delta q - \Delta w$ と表記される場合もある）

- 準静的過程における仕事と圧力と体積変化の関係　　　$dw = P\,dV$

- エンタルピーの定義　　　$H = U + PV$

- 単原子理想気体の内部エネルギーとエンタルピー　　　$U = \dfrac{3}{2}nRT,$　　　$H = \dfrac{5}{2}nRT$

- 定容(定積)過程における内部エネルギー変化と出入りする熱の関係

$$\Delta U = q, \qquad dU = dq$$

- 定容(定積)モル熱容量(定容比熱容量)　　　$C_V = \dfrac{1}{n}\dfrac{dU}{dT}$

- 定圧過程におけるエンタルピー変化と出入りする熱の関係

$$\Delta H = q, \qquad dH = dq$$

- 定圧モル熱容量(定圧比熱容量)　　　$C_P = \dfrac{1}{n}\dfrac{dH}{dT}$

- 定圧過程におけるエンタルピー変化と定圧モル熱容量の関係　　　$\Delta H = n\displaystyle\int C_P\,dT$

- マイヤーの関係式(理想気体であれば, 単原子理想気体でなくても成り立つ)

$$C_P = C_V + R$$

- 理想気体の準静的断熱過程における圧力と体積の関係　　　$PV^\gamma = $ 一定　$(\gamma = C_P/C_V)$

　問題文に記述のない標準生成エンタルピーの値は, 付表の表7の値を使用せよ。

　エンタルピーの単位はJであるが, 標準生成エンタルピーの単位はJ mol^{-1}であることに注意せよ。

基 本 問 題

❏ **1.** 「熱」と「熱エネルギー」と「内部エネルギー」の違いについて説明せよ。

【解】「熱エネルギー」は、物質がもつエネルギーの形態の一つで、状態が与えられれ
ば一義的に決まる状態量(問3参照)である。微視的な立場に立てば、個々の原子や分
子のもつ並進・回転・振動運動のエネルギーの総和であり、物質量 n, 絶対温度 T の
単原子理想気体であれば $(3/2)nRT$ で与えられる。一方、「熱」は温度差に起因して
移動するエネルギーであって、状態量ではない。

　　「内部エネルギー」は、熱エネルギー、化学エネルギー(原子や分子の間に働く力に
起因するポテンシャルエネルギー)、核エネルギー(原子核を構成する粒子間に働く力
に起因するポテンシャルエネルギー)の和である。

▶**注**：本書では、混同を避けるため熱エネルギーという言葉は極力使わず、内部エネルギーと
いう言葉を使用する。

❏ **2.** 地球はほぼ閉鎖系とみなすことができるが、完全な閉鎖系ではない。どのよ
うな形のエネルギーや物質の授受があるか。

【解】　エネルギーについては、太陽から可視光を含む光の形で受け取り、地球からは赤
外線の形で放出している。物質については、隕石や太陽風の形で受け取っている。地
球外への放出は惑星探査機等があげられるほか、水素やヘリウムは地球の重力でとど
めておくことができず、少しずつ宇宙空間に放出されている。

❏ **3.** 状態変数(状態量)とは何か。具体例をあげて説明せよ。

【解】　状態変数(状態量)とは、体積、物質量、温度、圧力など系の状態だけで一義的に
決まり、過去の履歴や経路に依存しない巨視的物理量をいう。体積等の示量変数と温
度等の示強変数に分類される。均一系では、示量変数は系の物質量に比例するが、示
強変数は系の物質量に依存しない。

❏ **4.** 理想気体について、次の単語を用いて説明せよ。
　　　　　「状態方程式」「絶対温度」「圧力」「体積」「分圧」

【解】　理想気体とは、理想気体の状態方程式 $PV = nRT$ を厳密に満たす気体で、一定温
度のもとで圧力 P と体積 V は反比例の関係にあり、一定圧力のもとで体積 V は絶対
温度 T に比例する。また、一定温度のもとでは、圧力 P と体積 V の積は物質量 n に
比例する。さらに、混合気体の全圧は、成分気体の分圧の和に一致する。

❏**5.** 熱力学第一法則について説明せよ。

【解】 エネルギー保存の法則において，エネルギー移動の手段を熱と仕事に限定したもので，「一つの系に q の熱が入り，その系が外界に w の仕事をするとき，系の内部エネルギーは $\Delta U = q - w$ だけ増加する（$\Delta U = w - q$ だけ減少する）」と表現される。

▶**注**：「一つの系に q の熱と w の仕事が入ると，系の内部エネルギーは $\Delta U = q + w$ だけ増加する」と表現されることもある。

❏**6.** エンタルピー H の定義を内部エネルギー U，圧力 P，体積 V を用いて表せ。
一般に，エンタルピー変化の測定は，定圧条件下で行われる。その理由を述べよ。

【解】 エンタルピー H は，$\underline{H = U + PV}$ で定義される。これを微分すると
$$\mathrm{d}H = \mathrm{d}U + P\,\mathrm{d}V + V\,\mathrm{d}P$$
定圧過程 $(\mathrm{d}P = 0)$ であれば
$$\mathrm{d}H = \mathrm{d}U + P\,\mathrm{d}V$$
　一方，熱力学第一法則から準静的過程であれば
$$\mathrm{d}U = \mathrm{d}q - \mathrm{d}w = \mathrm{d}q - P\,\mathrm{d}V$$
であるから
$$\mathrm{d}H = \mathrm{d}q$$
となり，定圧条件下では実験的に測定しやすい「出入りする熱の量 $\mathrm{d}q$」からエンタルピー変化 $\mathrm{d}H$ を計測できるため，エンタルピー変化は定圧条件下で測定されることが多い。

❏**7.** 標準大気圧下で，次の系をゆっくりと昇温させた。エンタルピー変化 ΔH を計算せよ。T は絶対温度を表す。
　（a）2.00 mol の二酸化炭素を 20 ℃から 600 ℃まで昇温させたとき。二酸化炭素の定圧モル熱容量を $C_\mathrm{P}/(\mathrm{J\,K^{-1}\,mol^{-1}}) = 44.22 + 8.79 \times 10^{-3}T/\mathrm{K} - 8.62 \times 10^{5}/(T/\mathrm{K})^2$ とする。
　（b）2.00 mol の銀を 20 ℃から 961 ℃まで昇温させたとき。銀の定圧モル熱容量を $C_\mathrm{P}/(\mathrm{J\,K^{-1}\,mol^{-1}}) = 23.65 + 5.5 \times 10^{-3}T/\mathrm{K}$ とする。

【解】 物質量 n，定圧モル熱容量 C_P の物体を定圧条件下で加熱する際のエンタルピー変化は $\Delta H = n\int C_\mathrm{P}\,\mathrm{d}T$ で与えられる。

（a）　$\displaystyle \Delta H = 2.00 \times \int_{293.15}^{873.15} (44.22 + 8.79 \times 10^{-3}T - 8.62 \times 10^{5}T^{-2})\,\mathrm{d}T$

$\displaystyle = 2.00 \times \left(44.22\left[T\right]_{293.15}^{873.15} + 8.79 \times 10^{-3}\left[\frac{T^2}{2}\right]_{293.15}^{873.15} + 8.62 \times 10^{5}\left[T^{-1}\right]_{293.15}^{873.15} \right)$

$\displaystyle = \underline{5.33 \times 10^4\ \mathrm{J}}$

(b)　$\Delta H = 2.00 \times \int_{293.15}^{1234.15} (23.65 + 5.5 \times 10^{-3} T)\,\mathrm{d}T$

$= 2.00 \times \left(23.65\,[T]_{293.15}^{1234.15} + 5.5 \times 10^{-3} \left[\dfrac{T^2}{2} \right]_{293.15}^{1234.15} \right) = \underline{5.24 \times 10^4\ \mathrm{J}}$

❏**8.** 293 K, 3.0 mol, 1.0 気圧の理想気体を, 圧力を一定に保ちつつ, 0.10 m³ まで準静的に膨張させた。内部エネルギー変化 ΔU およびエンタルピー変化 ΔH を求めよ。気体の定容モル熱容量 C_V を 20.8 J K⁻¹ mol⁻¹ とする。

【解】　物質量を n, 圧力を P, 始状態と終状態の温度と体積をそれぞれ T_1, V_1, T_2, V_2 とする。

$$T_2 = \frac{T_1 V_2}{V_1} = \frac{P V_2}{nR} = \frac{1.013 \times 10^5 \times 0.10}{3.0 \times 8.314} = 406.14\ \mathrm{K}$$

マイヤーの関係式から定圧モル熱容量は,

$$C_P = 20.8 + 8.314 = 29.114\ \mathrm{J\ K^{-1}\ mol^{-1}}$$

内部エネルギー変化は,

$$\Delta U = nC_V\,\Delta T = 3.0 \times 20.8 \times (406.14 - 293) = \underline{7.1 \times 10^3\ \mathrm{J}}$$

エンタルピー変化は,

$$\Delta H = nC_P\,\Delta T = 3.0 \times 29.114 \times (406.14 - 293) = \underline{9.9 \times 10^3\ \mathrm{J}}$$

❏**9.** 25.0 ℃, 10.0 kg の銅塊を 100 m の高さから落とす。地面にあたる直前の運動エネルギーはいくらか。衝突時の運動エネルギーが, すべて銅塊の内部エネルギーに変化したとすると銅塊の温度は何度になるか。銅の定圧モル熱容量 C_P を 24.43 J K⁻¹ mol⁻¹, 重力加速度 g を 9.8 m s⁻² とし, 空気抵抗と銅塊が地面にあたった際の体積変化はないものとする。

【解】　位置エネルギーがすべて運動エネルギーに変換されたとして

$$運動エネルギー = mgh = 10.0 \times 9.8 \times 100 = 9800 = \underline{9.8 \times 10^3\ \mathrm{J}}$$

銅塊の体積変化はないので $C_P = C_V$ としてよい。温度変化を ΔT とすると

$$\Delta U = nC_P\,\Delta T$$

銅のモル質量が 63.5 g mol⁻¹ であることから, 10.0 kg の銅塊の物質量は $10.0 \times 10^3/63.5$ mol。運動エネルギーがすべて内部エネルギーに変化したとして

$$9800 = \frac{10.0 \times 10^3}{63.5} \times 24.43 \times \Delta T$$

$\Delta T = 2.547$ より, 最終温度 T は $25.0 + 2.547 = \underline{27.5\ ℃}$

❏ **10.** エチンの標準生成エンタルピーを，次の標準反応エンタルピーのデータを用いて計算せよ。エチンの生成反応は，「発熱」「吸熱」反応のいずれか。

$$C(グラファイト) + O_2(g) \rightarrow CO_2(g) \qquad \Delta_{r1}H° = -393.5 \text{ kJ} \qquad (1)$$

$$H_2(g) + \frac{1}{2}O_2(g) \rightarrow H_2O(l) \qquad \Delta_{r2}H° = -285.8 \text{ kJ} \qquad (2)$$

$$C_2H_2(g) + \frac{5}{2}O_2(g) \rightarrow 2CO_2(g) + H_2O(l) \qquad \Delta_{r3}H° = -1299.5 \text{ kJ} \qquad (3)$$

【解】 (1)×2＋(2)－(3)を計算して，エチン生成の化学反応式は

$$2C(グラファイト) + H_2(g) \rightarrow C_2H_2(g) \qquad \Delta_rH° = +226.7 \text{ kJ}$$

エチンの生成反応は<u>吸熱反応</u>で，その標準生成エンタルピーは<u>226.7 kJ mol^{-1}</u>。

❏ **11.** 次の(a)から(e)の反応の標準反応エンタルピー(25℃)を計算せよ。

(a) $CO_2(g) + H_2(g) \rightarrow CO(g) + H_2O(l)$

(b) $CO(g) + 3H_2(g) \rightarrow CH_4(g) + H_2O(l)$

(c) $C_6H_6(l) + \frac{15}{2}O_2(g) \rightarrow 6CO_2(g) + 3H_2O(l)$

(d) $C_2H_4(g) + 3O_2(g) \rightarrow 2CO_2(g) + 2H_2O(l)$

(e) $C_2H_4(g) + H_2O(l) \rightarrow C_2H_5OH(l)$

【解】 表7の標準生成エンタルピーと物質量の積の差を計算して，標準反応エンタルピーは

(a) $\Delta_rH° = -1×110.5 - 1×285.8 + 1×393.5 = \underline{-2.8 \text{ kJ}}$

(b) $\Delta_rH° = -1×74.6 - 1×285.8 + 1×110.5 = \underline{-249.9 \text{ kJ}}$

(c) $\Delta_rH° = -6×393.5 - 3×285.8 - 1×49.0 = \underline{-3267.4 \text{ kJ}}$

(d) $\Delta_rH° = -2×393.5 - 2×285.8 - 1×52.3 = \underline{-1410.9 \text{ kJ}}$

(e) $\Delta_rH° = -1×277.6 - 1×52.3 + 1×285.8 = \underline{-44.1 \text{ kJ}}$

応 用 問 題

❏ **12.** 理想気体と実在気体の違いを二点あげよ。また，実在気体の状態方程式では，理想気体の状態方程式のどこを補正すべきかを示せ。

【解】 ① 理想気体では，気体粒子同士や気体粒子と壁との相互作用は弾性衝突だけであるが，実在気体では，ファンデルワールス力や水素結合の影響があること。

② 理想気体では，気体粒子の大きさを無視するが，実在気体粒子には大きさがあること。

①の効果は，分子量の大きい分子や低温，高圧で顕著となる。②の効果は，分子量の大きい分子や高圧で顕著となる。

実在気体の状態方程式においては，理想気体の状態方程式 $PV = nRT$ の P に粒子間

の相互作用による補正を，Vに粒子の大きさ(排除体積効果)による補正を行う。有名
なのは，次のファンデルワールスの状態方程式である。

$$\left(P+\frac{an^2}{V^2}\right)(V-bn)=nRT$$

ここで，aとbは，気体ごとに決まる定数である。

□13. 体積Vの2つの容器を体積の無視できる細い管で連結し，0℃，1.50 気圧
の理想気体を入れる。片方の容器を200℃に熱し，他方は0℃のままに保つ。温度
変化後も2つの容器内の圧力は等しいとして，その圧力を求めよ。容器の体積は一
定とする。

【解】 理想気体の物質量をnとする。また，温度変化後の圧力をP，それぞれの容器内
の気体の物質量をn_1, n_2とする。$T_1=273.15$ K，$T_2=473.15$ K，$P_0=1.50$ 気圧として

$$PV=n_1RT_1,\ \ PV=n_2RT_2,\ \ P_0\times2V=nRT_1$$

これらを$n_1+n_2=n$に代入して

$$\frac{PV}{R}\left(\frac{1}{T_1}+\frac{1}{T_2}\right)=\frac{2P_0V}{RT_1}$$

数値を代入して

$$P\left(\frac{1}{273.15}+\frac{1}{473.15}\right)=2\times\frac{1.50}{273.15}$$

これより，
$$P=\underline{1.90\ \text{気圧}}\ \ (1.93\times10^5\,\text{Pa})$$

□14. 単原子理想気体では，原子のもつ並進運動エネルギーの総和が内部エネル
ギーに一致する。単位物質量(1 mol)の Ar の内部エネルギーを$(3/2)RT$として，
300 K における平均の速さvを計算せよ。

【解】 アボガドロ定数をN_Aとする。Ar 原子1個あたりの質量$m=39.9\times10^{-3}$
kg mol^{-1}/N_Aを$(3/2)RT=(1/2)N_Amv^2$に代入して

$$v=\left(\frac{3\times8.3145\times300}{39.9\times10^{-3}}\right)^{1/2}=\underline{433\ \text{m s}^{-1}}$$

▶**注**：この速さは「根二乗平均の速さ」とよばれる。

□15. ある有機化合物の分子量を測定したところ 46.0 であり，元素分析を行った
ところ，質量比で C：H：O = 0.52：0.13：0.35 であった。また，この物質 56.0 mg
を標準大気圧下で完全燃焼させ，気体のCO_2と液体の水を生成させたところ，始
状態と終状態をともに 25℃としたときの発熱量は 1664 J であった。この物質の燃
焼熱と標準生成エンタルピー(25℃)を求めよ。

【解】 $\dfrac{0.52}{12.0}:\dfrac{0.13}{1.0}:\dfrac{0.35}{16.0}=433:1300:219\approx2:6:1$ より，この物質の組成式は C_2H_6O

とわかる。分子量が 46.0 であることから，分子式も C_2H_6O である。よって，単位物質量 $(1\,mol)$ あたりの燃焼熱は，$\dfrac{1664 \times 46.0}{56.0 \times 10^{-3}} = 1.3669 \times 10^6 = \underline{1.37 \times 10^6}$ J と求められる。

標準生成エンタルピーは，燃焼過程の化学反応式

$$C_2H_6O + 3O_2 \rightarrow 2CO_2 + 3H_2O \qquad \Delta_r H^\circ = -1366.9\,\text{kJ}$$

と，表 7 から計算される

$$C + O_2 \rightarrow CO_2 \qquad \Delta_r H^\circ = -393.5\,\text{kJ}$$

$$H_2 + \frac{1}{2}O_2 \rightarrow H_2O \qquad \Delta_r H^\circ = -285.8\,\text{kJ}$$

を連立させて

$$2C + 3H_2 + \frac{1}{2}O_2 \rightarrow C_2H_6O \qquad \Delta_r H^\circ = -277.5\,\text{kJ}$$

燃焼過程のエンタルピー変化 $(1.37 \times 10^3\,\text{kJ})$ の有効数字が 3 桁で単位物質量 $(1\,mol)$ あたり $\pm 5\,\text{kJ}\,\text{mol}^{-1}$ の不確定さがあることを考慮して，この有機化合物の標準生成エンタルピーは $\underline{-2.8 \times 10^2\,\text{kJ}\,\text{mol}^{-1}}$。

発 展 問 題

□ **16.** 理想気体が準静的に断熱変化する際には，PV^γ が一定に保たれることを示せ。ここで，γ は定圧モル熱容量 C_P と定容モル熱容量 C_V の比である。

【解】 熱力学第一法則から理想気体の準静的断熱過程 $(\mathrm{d}q = 0)$ では

$$\mathrm{d}U = \mathrm{d}q - P\,\mathrm{d}V = -P\,\mathrm{d}V = -\frac{nRT}{V}\mathrm{d}V$$

一方，内部エネルギーは状態量であり，その変化量は変化の経路には依存せず，理想気体では，定容モル熱容量を用いて次式で与えられる。

$$\mathrm{d}U = nC_V\,\mathrm{d}T$$

よって

$$-\frac{\mathrm{d}V}{V} = \frac{C_V}{R}\frac{\mathrm{d}T}{T}$$

マイヤーの関係式 $C_P = C_V + R$ より

$$-\frac{\mathrm{d}V}{V} = \frac{C_V}{C_P - C_V}\frac{\mathrm{d}T}{T} = \frac{1}{\gamma - 1}\frac{\mathrm{d}T}{T}$$

これを状態 1 から状態 2 まで積分する。

$$-\int_{V_1}^{V_2}\frac{\mathrm{d}V}{V} = \frac{1}{\gamma - 1}\int_{T_1}^{T_2}\frac{\mathrm{d}T}{T}$$

$$-\ln\frac{V_2}{V_1} = \frac{1}{\gamma - 1}\ln\frac{T_2}{T_1}$$

真数部分の比較から

$$V_1^{\gamma-1}T_1 = V_2^{\gamma-1}T_2$$

理想気体の状態方程式を代入して

$$V_1{}^{\gamma-1}\frac{P_1 V_1}{nR} = V_2{}^{\gamma-1}\frac{P_2 V_2}{nR}$$

$$P_1 V_1{}^{\gamma} = P_2 V_2{}^{\gamma}$$

よって，理想気体の準静的な断熱過程では，PV^{γ} が一定に保たれる。

▶注：$\ln x$ は $\log_e x$ と同じものであり，x の自然対数である。

❏17. 前問の理想気体の断熱変化の式を温度と体積の関係式に変換し，それをもとにディーゼルエンジンの着火原理について述べよ。

【解】 $P_1 V_1{}^{\gamma} = P_2 V_2{}^{\gamma}$ は，$\dfrac{T_2}{T_1} = \left(\dfrac{V_1}{V_2}\right)^{\gamma-1}$ と変形できる。つまり理想気体を準静的に断熱圧縮すると温度が上がる。実在気体の非準静的断熱圧縮でも，同様な現象は観測され，ディーゼルエンジンのシリンダー内部における燃料着火は，この現象を利用している。

❏18. 圧力 P_1，体積 V の単原子理想気体を体積が 2.0 倍になるまで準静的に断熱膨張させるとき，膨張後の圧力 P_2 は P_1 の何倍になるか。また，始状態の温度 T_1 を 300 K として，膨張後の温度 T_2 は何度になるか。なお，単位物質量（1 mol）あたりの内部エネルギーは $(3/2)RT$ で与えられる。

【解】 C_V は $(3/2)R$ であり，C_P はマイヤーの関係式から $(5/2)R$ であるから $\gamma = 5/3$

$$P_1 V^{\gamma} = P_2 (2.0 \times V)^{\gamma}$$

$$\frac{P_2}{P_1} = (0.50)^{5/3} = \underline{0.31\text{ 倍}}$$

$$T_2 = T_1 \times \left(\frac{V}{2.0 \times V}\right)^{(5/3)-1} = 300 \times (0.50)^{2/3} = \underline{1.9 \times 10^2\text{ K}}$$

❏19. 次のデータを用いて，塩化カリウム結晶における K^+ と Cl^- の結合エネルギーを求めよ。なお，KCl(s) の生成過程等において内部エネルギー変化とエンタルピー変化は等しいとおけるものとする。

 KCl(s) の生成エンタルピー： -436 kJ mol^{-1}

 K(s) の昇華エンタルピー： 81 kJ mol^{-1}

 Cl_2(g) の結合エネルギー： 239 kJ mol^{-1}

 K(g) のイオン化エネルギー： 419 kJ mol^{-1}

 Cl(g) の電子親和力： 349 kJ mol^{-1}

【解】 内部エネルギー変化とエンタルピー変化は等しいとおけることから

$$K(s) + \frac{1}{2} Cl_2(g) \rightarrow KCl(s) \qquad \Delta_r H = -436\text{ kJ}$$

$$K(s) \rightarrow K(g) \qquad \Delta_r H = +81\text{ kJ}$$

$$Cl_2(g) \rightarrow 2Cl(g) \qquad \Delta_r H = +239\text{ kJ}$$

$$K(g) \rightarrow K^+(g) + e^- \qquad \Delta_r H = +419 \text{ kJ}$$

$$Cl(g) + e^- \rightarrow Cl^-(g) \qquad \Delta_r H = -349 \text{ kJ}$$

を連立させて

$$KCl(s) \rightarrow K^+(g) + Cl^-(g) \qquad \Delta_r H = +707 \text{ kJ}$$

よって，結合エネルギーは，707 kJ mol^{-1}。

❏**20.** 内圧 1.0×10^6 Pa の単原子理想気体(定容モル熱容量 $C_V = (3/2)R$)がピストン付きのシリンダー内に閉じ込められている。この気体が，一定の外圧(1.0×10^5 Pa)に抗して，体積が 1.0 m^3 から 1.1 m^3 になるまで，断熱的かつ不可逆的に膨張する。シリンダー内の気体がピストンを含めた外界(ピストンおよび外部の気体)に対してする仕事はいくらか。なお，摩擦はないものとする。

【解】 厳密には，準静的ではない過程において「内圧」は定義できないので，その意味では「計算不能」が第一の答えになる。しかし，エンジニアリングの世界では，準静的でない過程でもごく普通に「圧力」や「温度」という概念を使っている。そこで，シリンダー内の圧力 P_{in} と温度 T は定義できるとし，P_{in} と T はシリンダー内で常に一様であるとして計算する。

気体が外界(ピストンおよび外部の気体)に対してする仕事は $\left| \int P_{in} dV \right|$ で与えられる。一方，外部の気体がする仕事の絶対値は $\left| \int P_{out} dV \right|$ である。そして，両者の差がピストンの運動エネルギーとなる。問 16 において，準静的断熱過程において PV^γ が一定に保たれることを導いた。実は，同様に，P_{in} や T が定義できるとすれば，準静的過程でなくても同じ関係式を導くことができる。(問 16 において，「P や T が定義でき，外界への仕事 dw が $P dV$ で与えられる」ということ以外に準静的であるという条件は使っていない。) ここでは，$PV^\gamma = $ 一定 という条件のもとで，具体的に $\left| \int P_{in} dV \right|$ を計算する。

まず，$C_V = (3/2)R$ であることから $\gamma = 5/3$ である。シリンダーの断面積を S，ピストンの初期位置を x_0，そこからの移動距離を x とする。内圧 $P_{in}(x)$ は x の関数であり，$P_{in}(x)\{S(x+x_0)\}^{5/3}$ が一定に保たれる。$x=0$ のときの内圧を P_0 とすると

$$P_{in}(x) = P_0 x_0^{5/3}(x+x_0)^{-5/3}$$

膨張前の体積を $V_i = Sx_0$，膨張後の体積を V_f とする。気体が外界に対してする仕事 w は $P_{in}(x)S$ を x について 0 から $V_f/S - x_0$ まで積分したものとなる。

$$
\begin{aligned}
w &= \int_0^{V_f/S - x_0} P_{in}(x)S \, dx = \int_0^{V_f/S - x_0} P_0 S x_0^{5/3}(x+x_0)^{-5/3} \, dx \\
&= P_0 S x_0^{5/3} \frac{(V_f/S)^{-2/3} - x_0^{-2/3}}{-2/3} \\
&= \frac{3}{2} P_0 S x_0 \left\{ 1 - x_0^{2/3} \left(\frac{V_f}{S} \right)^{-2/3} \right\} \\
&= \frac{3}{2} P_0 V_i \left\{ 1 - \left(\frac{V_f}{Sx_0} \right)^{-2/3} \right\} = \frac{3}{2} P_0 V_i \left\{ 1 - \left(\frac{V_i}{V_f} \right)^{2/3} \right\}
\end{aligned}
$$

具体的な数値を代入して

$$w = \frac{3}{2} \times 1.0 \times 10^6 \times 1.0 \times \left\{ 1 - \left(\frac{1.0}{1.1} \right)^{2/3} \right\} = \underline{9.2 \times 10^4 \, \text{J}}$$

▶**注**：この値は「外部の気体のする仕事の絶対値」＝「外部の気体がされる仕事」＝「外圧 P_{out} ×体積変化 ΔV」＝1.0×10^4 J とは一致しない。ピストンの運動方程式を解くことで，体積が 13 m³ となった段階で気体は膨張から収縮に転じ，これ以降，膨張と収縮が無限に繰り返されることが示される。なお，最大膨張（最小収縮）時，ピストンの運動エネルギーはゼロであり，「シリンダー内の気体がピストンを含む外界に対してする仕事」と「外部の気体のされる仕事」は一致する。

復 習 問 題

1. 次の物理量を，(1)示量変数，(2)示強変数，(3)どちらでもない，の三種に分類せよ。

　　温度，熱，圧力，物質量，体積，濃度，内部エネルギー，エンタルピー，仕事

2. 圧力 5.00 Pa，温度 23 ℃の窒素の密度（単位体積あたりの質量）ρ を求めよ。窒素は理想気体とする。

3. 2.00 mol の鉛を 20 ℃から 327 ℃まで圧力 1.013×10^5 Pa のもとでゆっくりと昇温させたときのエンタルピー変化を計算せよ。鉛の定圧モル熱容量は $C_p/(\text{J K}^{-1}\text{mol}^{-1}) = 22.13 + 11.72 \times 10^{-3} T/\text{K} + 0.96 \times 10^5/(T/\text{K})^2$ で与えられるとする。T は絶対温度を表す。

4. 298 K, 2.5 mol, 1.01×10^5 Pa の理想気体を 0.10 m³ まで膨張させた。次の過程における内部エネルギー変化およびエンタルピー変化を求めよ。気体の定容モル熱容量を 20.8 J K⁻¹ mol⁻¹ とする。

(a) 温度一定の場合

(b) 圧力一定の場合

(c) 準静的かつ断熱的に行った場合

（**ヒント**：まず温度変化 ΔT を計算せよ。）

5. 水素を製造する手法として，次の反応を利用するものがある。それぞれの過程の標準反応エンタルピー（25 ℃）を計算せよ。同じ量の水素を発生させるうえで，最もエンタルピー変化の小さいものはどれか。

　　$CH_4(\text{g}) + 2H_2O(\text{l}) \rightarrow CO_2(\text{g}) + 4H_2(\text{g})$

　　$CH_4(\text{g}) + CO_2(\text{g}) \rightarrow 2CO(\text{g}) + 2H_2(\text{g})$

　　$C_2H_5OH(\text{l}) + 3H_2O(\text{l}) \rightarrow 2CO_2(\text{g}) + 6H_2(\text{g})$

　　$CH_3OH(\text{l}) + H_2O(\text{l}) \rightarrow CO_2(\text{g}) + 3H_2(\text{g})$

9 物質の変化の方向性

　第4章の冒頭において，「物質には，よりポテンシャルエネルギーの小さい状態になろうとする性質がある」と述べた。では，それだけで，すべての現象が説明できるだろうか。残念ながらそうではない。物質にはもう一つの性質がある。ここで登場するのが，エントロピーという概念である。物質はエントロピーの大きい状態になろうとする基本的性質を有している。

重要公式

- 理想気体の準静的等温過程における仕事と体積の関係

$$w = nRT \ln \frac{V_2}{V_1}$$

$\ln x$ は $\log_e x$ と同じものであり，x の自然対数である。

- エントロピーの定義

$$dS = \frac{dq(可逆)}{T}$$

- 定圧過程におけるエントロピー変化と定圧モル熱容量の関係

$$\Delta S = n \int \frac{C_P}{T} \, dT$$

- 定圧モル熱容量が温度に依存しない場合の定圧過程でのエントロピー変化と温度の関係

$$\Delta S = nC_P \ln \frac{T_2}{T_1}$$

- 理想気体の等温過程におけるエントロピー変化と体積の関係

$$\Delta S = nR \ln \frac{V_2}{V_1}$$

- ギブズエネルギー（ギブズの自由エネルギー）の定義

$$G = H - TS$$

- 等温定圧下で平衡状態となる条件

$$\Delta G = \Delta H - T\Delta S = 0$$

　問題文に記述のない標準生成エンタルピー，標準エントロピーの値は，付表の表7，表8の値を使用せよ。

　エントロピーの単位は $J \, K^{-1}$ であるが，標準エントロピーの単位は $J \, K^{-1} \, mol^{-1}$ であることに注意せよ。

基本問題

□**1.** 熱力学第二法則および第三法則について説明せよ。

【解】 熱力学第二法則は，通常，以下の2つのどちらかで表現される。

　クラウジウスの原理：「低温の物体から高温の物体へ熱を移動させるだけで，それ以外に何の変化も残さないような熱機関は存在しない」

　トムソンの原理：「熱源から熱を受け取り，それに相当する仕事を外界に向かって行うだけで，それ以外に何の変化も残さないような熱機関は存在しない」

　両者は同等であり，片方を仮定すれば，他方を理論的に導くことができる。

　熱力学第三法則は，「純物質(結晶)のエントロピーは絶対零度に近づくと，ある一定値に漸近する。通常，この値をゼロとする」と表現される。

□**2.** あるベンチャー企業が「外部から光や電気等のエネルギーを供給することもなく，内在する化学エネルギーや核エネルギーを利用することもなく，常温の水を水素と酸素に分解し続ける装置を開発した」という情報が入った。この企業に投資する価値はあるだろうか。理由を付して答えよ。

【解】 投資の価値はない。系の温度が一定であるならば，水の分解は吸熱過程であるので熱力学第一法則に違反している。系の温度の低下でエネルギー収支を補償しているとするならば，熱力学第二法則に違反している。

□**3.** 2.00 mol の理想気体が，次のような変化をするときに外界に対してする仕事を求めよ。始状態の温度を 300 K，圧力を 1.01×10^6 Pa とする。

(a) 圧力が 1.01×10^5 Pa になるまで，可逆的に等温膨張するとき

(b) 圧力が 1.01×10^5 Pa になるまで，真空槽内を拡散するとき

【解】 (a) 気体の物質量を n，始状態の圧力と体積をそれぞれ P_1, V_1，終状態の圧力と体積をそれぞれ P_2, V_2 とする。

$$w = \int_{V_1}^{V_2} P \, dV = \int_{V_1}^{V_2} \frac{nRT}{V} \, dV = nRT \ln \frac{V_2}{V_1} = nRT \ln \frac{P_1}{P_2}$$
$$= 2.00 \times 8.3145 \times 300 \times \ln(10.0) = \underline{1.15 \times 10^4 \, \text{J}}$$

(b) 外部に仕事はしていないので<u>ゼロ</u>。

□**4.** 288 K，4.3 mol，2.0 気圧の理想気体が，次のように膨張するときの内部エネルギー変化 ΔU，エンタルピー変化 ΔH およびエントロピー変化 ΔS を求めよ。

(a) $1.5 \, \text{m}^3$ まで準静的に等温膨張するとき。

(b) $1.5 \, \text{m}^3$ まで自由拡散により，断熱的に膨張するとき。

【解】 (a) 等温過程であるから，内部エネルギー変化，エンタルピー変化はともにゼロ。内部エネルギーに変化がないので，気体のした仕事と入った熱は等しい。始状態と終状態の体積をそれぞれ V_1, V_2, 始状態の圧力を P_1 として

$$V_1 = \frac{nRT}{P_1} = \frac{4.3 \times 8.314 \times 288}{2.0 \times 1.013 \times 10^5} = 0.05082 \text{ m}^3$$

これより，

$$\Delta S = \int \frac{\mathrm{d}q}{T} = \int_{V_1}^{V_2} \frac{P \, \mathrm{d}V}{T} = \int_{V_1}^{V_2} \frac{nR}{V} \, \mathrm{d}V = nR \ln \frac{V_2}{V_1}$$
$$= 4.3 \times 8.314 \times \ln \frac{1.5}{0.05082} = \underline{1.2 \times 10^2 \text{ J K}^{-1}}$$

(b) 自由拡散では，外に仕事はしておらず温度変化はない。よって，内部エネルギー変化，エンタルピー変化はともにゼロ。エントロピーは状態量であるので，断熱的に自由拡散させたときの変化も，(a) の場合と等しく，$\underline{1.2 \times 10^2 \text{ J K}^{-1}}$。

□**5.** 30 ℃ と 40 ℃ の物体を接触させたところ 1 mJ の熱の不可逆的な移動があった。熱の移動による温度変化は無視できるとして，系のエントロピー変化を求めよ。

【解】 同じ変化は，それぞれをわずかだけ温度の異なる物体に触れさせることで，可逆的に起こさせることができる。その場合のエントロピー変化を計算すればよい。

$$\Delta S = -\frac{1 \times 10^{-3}}{313} + \frac{1 \times 10^{-3}}{303} = \underline{1 \times 10^{-7} \text{ J K}^{-1}}$$

□**6.** 2.00 mol の酸素を 20 ℃ から 600 ℃ まで，圧力 1.013×10^5 Pa 下でゆっくりと昇温させたときのエンタルピー変化 ΔH およびエントロピー変化 ΔS を計算せよ。酸素の定圧モル熱容量は $C_P / (\text{J K}^{-1}\text{mol}^{-1}) = 29.96 + 4.18 \times 10^{-3} T/\text{K} - 1.67 \times 10^5 / (T/\text{K})^2$ で与えられるとする。T は絶対温度を表す。

【解】 物質量 n，定圧モル熱容量 C_P の物体を定圧条件下で加熱する際のエンタルピー変化およびエントロピー変化は，それぞれ $\Delta H = n \int C_P \, \mathrm{d}T$, $\Delta S = n \int \frac{C_P}{T} \, \mathrm{d}T$ で与えられる。

$$\Delta H = 2.00 \times \int_{293.15}^{873.15} \left(29.96 + 4.18 \times 10^{-3} T - \frac{1.67 \times 10^5}{T^2} \right) \mathrm{d}T$$

$$= 2.00 \times \left(29.96 \times 580 + 4.18 \times 10^{-3} \times \left[\frac{T^2}{2} \right]_{293.15}^{873.15} + 1.67 \times 10^5 \left[T^{-1} \right]_{293.15}^{873.15} \right) = \underline{3.68 \times 10^4 \text{ J}}$$

$$\Delta S = 2.00 \times \int_{293.15}^{873.15} \left(\frac{29.96}{T} + 4.18 \times 10^{-3} - \frac{1.67 \times 10^5}{T^3} \right) \mathrm{d}T$$

$$= 2.00 \times \left(29.96 \left[\ln T \right]_{293.15}^{873.15} + 4.18 \times 10^{-3} \times 580 + 1.67 \times 10^5 \left[\frac{T^{-2}}{2} \right]_{293.15}^{873.15} \right) = \underline{68.5 \text{ J K}^{-1}}$$

□**7.** 次の(a)から(d)の過程におけるエントロピー変化を求めよ。

(a) 1.01×10^5 Pa のもとで，0 ℃の氷 1.00 mol を 0 ℃の水にするとき。氷の融解エンタルピーを 6.01 kJ mol^{-1} とする。

(b) 1.01×10^5 Pa のもとで，0 ℃の水 1.00 mol を 100 ℃の水にするとき。水の定圧モル熱容量は 75.3 J K^{-1} mol^{-1} で，温度には依存しないものとする。

(c) 1.01×10^5 Pa のもとで，100 ℃の水 1.00 mol を 100 ℃の水蒸気にするとき。水の蒸発エンタルピーを 40.63 kJ mol^{-1} とする。

(d) 1.01×10^5 Pa のもとで，0 ℃の氷 2.00 mol を 100 ℃の水蒸気にするとき。

【解】 エントロピーは状態量であるので，準静的に加熱した場合のエントロピー変化を計算する。

(a) $\Delta S = \dfrac{n \Delta H}{T} = \dfrac{1.00 \times 6010}{273.15} = 22.00 = \underline{22.0 \text{ J K}^{-1}}$

(b) $\Delta S = n C_\text{P} \ln \dfrac{T_2}{T_1} = 1.00 \times 75.3 \times \ln \dfrac{373.15}{273.15} = 23.49 = \underline{23.5 \text{ J K}^{-1}}$

(c) $\Delta S = \dfrac{n \Delta H}{T} = \dfrac{1.00 \times 40630}{373.15} = 108.88 = \underline{109 \text{ J K}^{-1}}$

(d) $\Delta S = 2.00 \times (22.00 + 23.49 + 108.88) = \underline{309 \text{ J K}^{-1}}$

□**8.** 0 ℃の氷 10.0 g を電気ポット中の 100 ℃の水 30.0 g の中に静かに入れた。氷の融解エンタルピーは 6.01 kJ mol^{-1}，水の定圧比熱容量は 4.184 J K^{-1} g^{-1} で温度には依存しないとして，次の値を求めよ。電気ポットの熱容量は無視できるとし，外界との熱の出入りはないものとする。

(a) 平衡状態となったときの系の温度

(b) この過程におけるエントロピー変化

【解】 (a) 氷の物質量は 10.0/18.0 mol であるから 10.0 g の氷を融解させるには，$(10.0/18.0) \times 6.01 \times 10^3$ J の熱が必要である。平衡状態での水の温度を絶対温度で T とした場合，融解した氷を平衡温度まで上昇させるには，さらに $4.184 \times 10.0 \times (T - 273.15)$ J の熱が必要である。一方，100 ℃の水 30.0 g を平衡温度まで下げる際には，$4.184 \times 30.0 \times (373.15 - T)$ J の熱を取り除く必要がある。外界からの熱の流出入はないことから，

$$4.184 \times 30.0 \times (373.15 - T) - \frac{10.0}{18.0} \times 6.01 \times 10^3 - 4.184 \times 10.0 \times (T - 273.15) = 0$$

したがって，$T = 328.20 = \underline{328 \text{ K}}$

(b) エントロピーは状態量であるので，同じ変化を準静的に起こさせることを考える。同じ変化は，10.0 g の氷を 0 ℃で準静的に水に変え，それを平衡温度まで準静的に加熱し，100 ℃の水も外界と平衡を保ちながら平衡温度まで準静的に温度を下げて，両者を合体させることで得られる。この場合の系のエントロピー変化は，

$$\Delta S = \frac{10.0 \times 6.01 \times 10^3/18.0}{273.15} + 10.0 \times 4.184 \times \ln\frac{328.20}{273.15} + 30.0 \times 4.184 \times \ln\frac{328.20}{373.15}$$
$$= \underline{3.8 \text{ J K}^{-1}}$$

❏9. 次の過程におけるエンタルピー変化 ΔH, エントロピー変化 ΔS およびギブズエネルギー変化 ΔG を求めよ。

(a) 0 ℃, 1.01×10^5 Pa で単位物質量(1 mol)の水が凝固するとき。氷の融解熱を 6.01 kJ mol^{-1} とする。

(b) 4.00 mol の理想気体が 150 ℃で圧力が 2.38×10^5 Pa から 1.13×10^5 Pa になるまで準静的に等温膨張するとき。

【解】 (a) 圧力一定であるから, $\Delta H = q = \underline{-6.01 \times 10^3 \text{ J}}$

$$\Delta S = \frac{q}{T} = \frac{-6.01 \times 10^3}{273.15} = \underline{-22.0 \text{ J K}^{-1}}$$

$\Delta G = \Delta H - T\Delta S$ より, ギブズエネルギー変化は<u>ゼロ</u>。

(b) エンタルピー変化 ΔH は, 温度一定であるので<u>ゼロ</u>。

始状態および終状態の体積をそれぞれ V_1, V_2, 圧力をそれぞれ P_1, P_2 として, エントロピー変化は

$$\Delta S = nR\ln\frac{V_2}{V_1} = nR\ln\frac{P_1}{P_2} = 4.00 \times 8.3145 \times \ln\frac{2.38 \times 10^5}{1.13 \times 10^5} = 24.773 = \underline{24.8 \text{ J K}^{-1}}$$

ギブズエネルギー変化は

$$\Delta G = \Delta H - T\Delta S = -423.15 \times 24.773 = \underline{-1.05 \times 10^4 \text{ J}}$$

❏10. 消石灰 Ca(OH)$_2$ が生石灰 CaO と水蒸気に分解する反応は吸熱反応で, 常温では消石灰の方が安定である。しかし, 温度を上げると, 消石灰は自発的に分解し生石灰が生成する。消石灰の分解反応のエンタルピー変化とエントロピー変化は, ともに温度に依存しないとして, 高温で消石灰が分解しやすい理由を説明せよ。

【解】 消石灰の分解反応は吸熱反応で ΔH は正である。また, 分解によって水蒸気が発生, 拡散することからエントロピーは増大し ΔS も正であると考えられる。常温では,

$$\Delta G = \Delta H - T\Delta S > 0$$

であるが, 温度が $\Delta H/\Delta S$ よりも高くなると

$$\Delta G = \Delta H - T\Delta S < 0$$

となり, この温度以上では消石灰の分解が自発的に起こるようになる。

応 用 問 題

□ **11.** 絶対温度が T_1, T_2 $(T_1 > T_2)$ で，熱容量 C が同じ 2 つの物体を接触させたところ，温度が $(T_1 + T_2)/2$ となり平衡に達した。この過程でエントロピーが増大したことを示せ。熱容量 C は温度には依存しないものとする。

【解】 この過程は不可逆と考えられるが，温度がわずかに異なる外界と接触させることで同じ変化を可逆的に行うことも可能である。その場合のエントロピー変化 ΔS は

$$\Delta S = C \int_{T_1}^{(T_1+T_2)/2} \frac{1}{T} \, dT + C \int_{T_2}^{(T_1+T_2)/2} \frac{1}{T} \, dT$$

$$= C \ln \frac{T_1 + T_2}{2T_1} + C \ln \frac{T_1 + T_2}{2T_2} = C \ln \frac{(T_1 + T_2)^2}{4T_1 T_2}$$

真数部分が

$$\frac{(T_1 + T_2)^2}{4T_1 T_2} = \frac{(T_1 - T_2)^2 + 4T_1 T_2}{4T_1 T_2} = \frac{(T_1 - T_2)^2}{4T_1 T_2} + 1 > 1$$

であるから $\Delta S > 0$ であり，エントロピーは増大する。

□ **12.** エテン C_2H_4 の定容モル熱容量 は，300 K と 1000 K の間では，$C_V(T)/R = 16.41 - 6086/T + 8.228 \times 10^5/T^2$ で表される。1.00 mol のエテンを 400 K から 700 K まで一定体積で昇温した際のエントロピー変化 ΔS_1，および一定圧力で昇温した際のエントロピー変化 ΔS_2 を計算せよ。定容モル熱容量 C_V と定圧モル熱容量 C_P の間に，マイヤーの関係式を仮定してよい。

【解】 エントロピーは状態量であるので，準静的に加熱した際のエントロピー変化を計算する。

$$\Delta S_1 = \int \frac{dq}{T} = \int_{T_1}^{T_2} \frac{nC_V}{T} \, dT$$

$$= 1.00 \times 8.3145 \times \int_{400}^{700} \left(\frac{16.41}{T} - \frac{6086}{T^2} + \frac{8.228 \times 10^5}{T^3} \right) dT$$

$$= 8.3145 \times \left[16.41 \times \ln T + \frac{6086}{T} - \frac{8.228 \times 10^5}{2T^2} \right]_{400}^{700}$$

$$= \underline{36.5 \text{ J K}^{-1}}$$

定圧過程では，$C_P = C_V + R$ より

$$\Delta S_2 = \int \frac{dq}{T} = \int_{T_1}^{T_2} \frac{nC_P}{T} \, dT$$

$$= 1.00 \times 8.3145 \times \int_{400}^{700} \left(\frac{17.41}{T} - \frac{6086}{T^2} + \frac{8.228 \times 10^5}{T^3} \right) dT$$

$$= 8.3145 \times \left[17.41 \times \ln T + \frac{6086}{T} - \frac{8.228 \times 10^5}{2T^2} \right]_{400}^{700}$$

$$= \underline{41.2 \text{ J K}^{-1}}$$

❏**13.** 定容モル熱容量 C_V, 物質量 n の理想気体を温度および体積が (T_1, V_1) という状態から (T_2, V_2) という状態に変化させた場合のエントロピー変化を求めよ。また，1.50 mol の窒素を 0 ℃, 10.0 dm³ から 227 ℃, 300 dm³ まで膨張させた場合のエントロピー変化を計算せよ。窒素は理想気体とし，定圧モル熱容量 C_P を 29.4 J K⁻¹ mol⁻¹ とする。

【解】 温度と体積を (T_1, V_1) という状態から (T_2, V_2) という状態に，可逆的に変化させた場合のエントロピー変化を計算する。

熱力学第一法則から

$$\mathrm{d}q = \mathrm{d}U + P\,\mathrm{d}V = nC_V\,\mathrm{d}T + P\,\mathrm{d}V$$

エントロピーの定義と理想気体の状態方程式から

$$\mathrm{d}S = \frac{\mathrm{d}q}{T} = \frac{nC_V}{T}\,\mathrm{d}T + \frac{P}{T}\,\mathrm{d}V = \frac{nC_V}{T}\,\mathrm{d}T + \frac{nR}{V}\,\mathrm{d}V$$

これを積分して

$$\Delta S = \int_{T_1}^{T_2} \frac{nC_V}{T}\,\mathrm{d}T + \int_{V_1}^{V_2} \frac{nR}{V}\,\mathrm{d}V = \underline{nC_V \ln\frac{T_2}{T_1} + nR \ln\frac{V_2}{V_1}}$$

エントロピーは状態量であるから，可逆過程でなくても ΔS は，この式で与えられる。

窒素を理想気体と扱ってよいことから，マイヤーの関係式 $(C_P = C_V + R)$ より

$$\begin{aligned}
\Delta S &= n(C_P - R) \ln\frac{T_2}{T_1} + nR \ln\frac{V_2}{V_1} \\
&= 1.50 \times \left\{ (29.4 - 8.3145) \times \ln\frac{500.15}{273.15} + 8.3145 \times \ln\frac{300}{10.0} \right\} \\
&= \underline{61.6 \text{ J K}^{-1}}
\end{aligned}$$

❏**14.** 単位物質量(1 mol)の単原子理想気体を，以下の条件で，圧力と体積が (P_1, V_1) という状態から (P_2, V_2) という状態に準静的に膨張させた。外にした仕事 w, 内部エネルギー変化 ΔU, 吸収した熱 q およびエントロピー変化 ΔS を求めよ。なお，気体の内部エネルギーは $(3/2)RT$ で表される。

(a) 圧力と体積の積 PV を一定に保つという条件

(b) 圧力と体積の 2 乗の積 PV^2 を一定に保つという条件

【解】 (a) $PV\,(= C)$ を一定とした場合，外にした仕事 w は

$$w = \int_{V_1}^{V_2} P\,\mathrm{d}V = C\int_{V_1}^{V_2} \frac{\mathrm{d}V}{V} = C \ln\frac{V_2}{V_1} = \underline{P_1V_1 \ln\frac{V_2}{V_1}} \quad \left(P_2V_2 \ln\frac{V_2}{V_1} \text{ などでも可} \right)$$

PV が一定ということは，温度が一定であり，内部エネルギー変化はない。よって外にした仕事と同じだけの熱 q を吸収していなければならない。

$$\Delta U = \underline{0}$$
$$q = \underline{P_1V_1 \ln\frac{V_2}{V_1}} \quad \left(P_1V_1 \ln\frac{P_1}{P_2} \text{ などでも可} \right)$$

$$\Delta S = \frac{q}{T} = \frac{P_1 V_1 \ln(V_2/V_1)}{P_1 V_1/R} = R \ln \frac{V_2}{V_1} \quad \left(R \ln \frac{P_1}{P_2} \text{ でも可} \right)$$

(b)　$PV^2 (= C')$ を一定とした場合，外にした仕事 w は

$$w = \int_{V_1}^{V_2} P \, dV = C' \int_{V_1}^{V_2} V^{-2} \, dV = -C' \left[V^{-1} \right]_{V_1}^{V_2} = C' \left(\frac{1}{V_1} - \frac{1}{V_2} \right) = \underline{P_1 V_1 - P_2 V_2}$$

内部エネルギー変化は $\Delta U = \dfrac{3}{2} R \Delta T = \underline{\dfrac{3}{2}(P_2 V_2 - P_1 V_1)}$

第一法則より，吸収した熱 q は

$$q = \Delta U + w = \frac{3}{2}(P_2 V_2 - P_1 V_1) + (P_1 V_1 - P_2 V_2) = \underline{\frac{1}{2}(P_2 V_2 - P_1 V_1)}$$

$$dS = \frac{dq}{T} = \frac{dU}{T} + \frac{P \, dV}{T} = \frac{3}{2} \frac{R \, dT}{T} + \frac{R \, dV}{V}$$

これを積分して

$$\Delta S = \frac{3}{2} R \ln \frac{T_2}{T_1} + R \ln \frac{V_2}{V_1}$$

$$= \frac{3}{2} R \ln \frac{P_2 V_2}{P_1 V_1} + R \ln \frac{V_2}{V_1} = \underline{\frac{3}{2} R \ln \frac{P_2}{P_1} + \frac{5}{2} R \ln \frac{V_2}{V_1}} \quad \left(\frac{1}{2} R \ln \frac{V_1}{V_2} \text{ などでも可} \right)$$

❏**15.** 少量の塩化ナトリウムを水へ溶解させる過程は，次のように書ける。

$$\mathrm{NaCl(s)} \to \mathrm{Na^+(g)} + \mathrm{Cl^-(g)} \qquad\qquad \Delta_{r1} H^\circ = 787 \text{ kJ}$$

$$\mathrm{Na^+(g)} + \mathrm{Cl^-(g)} + n\,\mathrm{H_2O(l)} \to \mathrm{Na^+(aq)} + \mathrm{Cl^-(aq)} \qquad \Delta_{r2} H^\circ = -784 \text{ kJ}$$

ここで，(aq) は水和物を表す。溶解によりエントロピーは，NaCl 1.0 mol あたり 43 J K^{-1} 増大する。300 K での NaCl 1.0 mol あたりの溶解過程におけるギブズエネルギー変化を求めよ。

【解】　塩化ナトリウム 1.0 mol あたりの溶解過程のギブズエネルギー変化は

$$\Delta G = \Delta_{r1} H^\circ + \Delta_{r2} H^\circ - T \times \Delta S = 787 - 784 - 300 \times 43 \times 10^{-3} = \underline{-10 \text{ kJ}}$$

▶**注**：濃度の上昇とともに $|\Delta_{r2} H^\circ|$ は減少し，$\Delta G = 0$ となったところで飽和状態となる。

❏**16.** 反応 $2\mathrm{HI(g)} \to \mathrm{H_2(g)} + \mathrm{I_2(g)}$ の 25 ℃ におけるギブズエネルギー変化を計算し，等温定圧条件下で，この反応は自発的に起こるかどうかを判定せよ。$\mathrm{I_2(g)}$，$\mathrm{HI(g)}$ の生成エンタルピーをそれぞれ 62.4, 26.5 kJ mol^{-1}，単位物質量（1 mol）あたりのエントロピーをそれぞれ 260.7, 206.6 J K^{-1} mol^{-1} とする。

【解】　$2\mathrm{HI(g)} \to \mathrm{H_2(g)} + \mathrm{I_2(g)}$ の反応過程のギブズエネルギー変化は，表 8 の水素の標準エントロピーの値を用いて

$$\Delta G = 1 \times (-298.15 \times 130.7 + 62.4 \times 10^3 - 298.15 \times 260.7)$$

$$- 2 \times (26.5 \times 10^3 - 298.15 \times 206.6)$$

$$= \underline{1.59 \times 10^4 \text{ J}}$$

ギブズエネルギー変化が正であるから，等温定圧条件下で，この反応が<u>自発的にすべ</u>

てが $H_2(g)+I_2(g)$ になるまで進行することはないと判定される。

▶注：上記は，HI から H_2 と I_2 が生じないという意味ではない。ギブズエネルギーの極小は，一部の HI が分解した状態にあり，HI, H_2, I_2 の混合状態となったところで化学平衡の状態に達する。平衡状態での HI, H_2, I_2 の混合比については，第 10 章，問 13 参照。

□ **17.** N_2 と O_2 が物質量比 4.0：1.0 で混合した 0 ℃，1.0 気圧の気体がある。この混合気体 1.0 dm^3 を同温，同圧の N_2 と O_2 に分離する際のエントロピー変化およびギブズエネルギー変化を求めよ。N_2 と O_2 は理想気体とする。

【解】 エントロピーは状態量であるから，混合のエントロピーの逆を計算する。それぞれの気体の物質量は

$$N_2: \frac{4.0}{5.0}\frac{PV}{RT} = \frac{0.80 \times 1.013 \times 10^5 \times 1.0 \times 10^{-3}}{8.314 \times 273.2} = 3.568 \times 10^{-2}\,mol$$

$$O_2: \frac{1.0}{5.0}\frac{PV}{RT} = \frac{0.20 \times 1.013 \times 10^5 \times 1.0 \times 10^{-3}}{8.314 \times 273.2} = 8.920 \times 10^{-3}\,mol$$

0 ℃，1.0 気圧，0.80 dm^3 の N_2 と，0 ℃，1.0 気圧，0.20 dm^3 の O_2 を混合する際のエントロピー変化は，理想気体の自由拡散（混合）では，仕事はせず温度変化はないので，$\Delta S = nR \ln(V_2/V_1)$ より

$$\Delta S = 3.568 \times 10^{-2} \times 8.314 \times \ln\frac{1.0}{0.80} + 8.920 \times 10^{-3} \times 8.314 \times \ln\frac{1.0}{0.20}$$

$$= 0.1856\,J\,K^{-1}$$

分離に際してエントロピーは 0.19 $J\,K^{-1}$ だけ減少する。

理想気体の等温過程では，エンタルピー変化はない。よって，混合過程においてギブズエネルギーは，エントロピーの増加分だけ減少する。

$$\Delta G = -T\Delta S = -273.2 \times 0.1856 = -50.71\,J$$

分離に際してギブズエネルギーは 51 J だけ増加する。

発 展 問 題

□ **18.** 容器に入った水とその周辺を標準大気圧下で 0 ℃ちょうどに保った場合，水は凝固するか。

【解】 水の物質量を n，融解エンタルピーを $\Delta_m H$，凝固点を T_0 とする。水が凝固するとした場合，系は $n\Delta_m H$ の熱を放出し，系のエントロピーは，$n\Delta_m H/T_0$ だけ減少する。その際，外界の温度も同じであるとすると，外界のエントロピーも $n\Delta_m H/T_0$ だけ増加する。したがって，全系のエントロピー変化はゼロである。これは，孤立系においてエントロピーが変わらない現象であるので，凝固が自発的に起こることはない。

❏19. 絶対零度付近において，固体の定圧モル熱容量 C_P は絶対温度 T の3乗に比例することが知られている。ある固体物質の 20 K における定圧モル熱容量が 1.7 $J K^{-1} mol^{-1}$ であった。この物質，単位物質量(1 mol)の 20 K におけるエントロピーはいくらか。

【解】 C_P が 20 K で 1.7 $J K^{-1} mol^{-1}$ であることから，C_P と T^3 の間の比例定数を k とすると

$$C_P(20 \text{ K}) = 1.7 = k \times 20^3$$

これより $k = 1.7/20^3 \ J K^{-4} mol^{-1}$。よって，20 K におけるエントロピーは

$$S(20 \text{ K}) = \int_0^{20} \frac{C_P}{T} dT = \int_0^{20} \frac{1.7 T^3}{20^3 T} dT = \frac{1.7}{20^3} \left[\frac{T^3}{3}\right]_0^{20} = \underline{0.57 \ J K^{-1}}$$

復 習 問 題

1. 0 ℃の氷 2.00 g を 1.00 気圧のもとで 300 ℃の水蒸気にするときのエントロピー変化を求めよ。水の定圧比熱容量は 4.18 $J K^{-1} g^{-1}$ で温度には依存しないものとし，氷の融解エンタルピーを 334 $J g^{-1}$，水の蒸発エンタルピーを 2257 $J g^{-1}$，水蒸気の定圧モル熱容量を $C_P /(J K^{-1} mol^{-1}) = 30.3 + 9.6 \times 10^{-3} T/K$ とする。T は絶対温度を表す。

2. 2.5 mol の単原子理想気体を 300 K, 3.5 m^3 の状態から 400 K, 4.5 m^3 の状態へ準静的に変化させたときの内部エネルギー変化，エンタルピー変化およびエントロピー変化を求めよ。なお，単位物質量(1 mol)あたりの内部エネルギーは $(3/2)RT$ で与えられる。

3. 20 ℃の水 60.0 g と 80 ℃の水 30.0 g を断熱容器の中で静かに混合する。混合による 20 ℃の水，80 ℃の水および系全体でのエントロピー変化を求めよ。水の定圧比熱容量を 4.18 $J K^{-1} g^{-1}$ とし，温度には依存しないものとする。

4. 2.00 mol のアンモニアを合成するのに，N_2 と H_2 から出発する場合と，N_2 と $H_2O(g)$ から出発する場合のそれぞれの 25 ℃におけるギブズエネルギー変化を求めよ。$H_2O(g)$ の生成エンタルピーを $-241.8 \ kJ \ mol^{-1}$，単位物質量(1 mol)あたりのエントロピーを 188.7 $J K^{-1} mol^{-1}$ とする。

5. 体積 V_1 と V_2 の2つの容器を細い管でつなぎ，それぞれの容器に異なる種類の理想気体を入れた。2つの容器内の温度と圧力は同じでそれぞれ T, P であるとする。気体の物質量をそれぞれ n_1, n_2 として，両者を混合した場合のエントロピー変化とギブズエネルギー変化を求めよ。

10 物質変化の駆動力と平衡

　　ハーバー–ボッシュ法では，水素と窒素からアンモニアを合成する。しかし，水素と窒素のすべてをアンモニアに変換することはできない。ある程度反応が進むと，アンモニアが合成される反応（正反応）とアンモニアが分解する反応（逆反応）がつり合った状態（平衡状態）となる。このとき，水素，窒素，アンモニアの分圧（濃度）の間には一定の関係がある。さらに，この関係式は，反応のギブズエネルギー変化と関連づけられる。

重 要 公 式

- 純物質における化学ポテンシャルの定義

$$\mu = \frac{\mathrm{d}G}{\mathrm{d}n}$$

- 化学ポテンシャル μ と気体の圧力 P の関係（μ° は同じ温度で圧力 P° における化学ポテンシャル）

$$\mu = \mu^\circ + RT \ln \frac{P}{P^\circ}$$

- 化学ポテンシャル μ と溶質のモル濃度 C の関係（μ° は同じ温度でモル濃度 C° における化学ポテンシャル）

$$\mu = \mu^\circ + RT \ln \frac{C}{C^\circ}$$

- 気体における平衡定数（$N_2 + 3H_2 \rightleftharpoons 2NH_3$ の例）

$$K^\circ = \frac{\left(\dfrac{P_{NH_3}}{P^\circ}\right)^2}{\left(\dfrac{P_{N_2}}{P^\circ}\right)\left(\dfrac{P_{H_2}}{P^\circ}\right)^3}$$

- 希薄溶液における平衡定数（$CH_3COOH \rightleftharpoons CH_3COO^- + H^+$ の例）

$$K^\circ = \frac{[CH_3COO^-][H^+]}{[CH_3COOH]}$$

- 固体を含む系における平衡定数と溶解度積（$AgCl(s) \rightleftharpoons Ag^+ + Cl^-$ の例）

$$K^\circ = [Ag^+][Cl^-] = K_{sp}$$

- 平衡定数と標準反応ギブズエネルギーの関係　　$K^\circ = \exp\left(-\dfrac{\Delta G^\circ}{RT}\right)$

　　問題文に記述のない標準生成エンタルピー，標準エントロピーの値は付表の表7，表8の値を使用せよ。

　ギブズエネルギー G の単位は J であるが，標準反応ギブズエネルギー ΔG° の単位は J mol^{-1} であることに注意せよ。

基 本 問 題

❏ 1. 絶対温度 T における単位物質量(1 mol)の水素分子の内部エネルギー U が，$(5/2)RT$ で与えられるとする。温度298.15 K，圧力200 Pa における化学ポテンシャルを求めよ。水素は理想気体とする。

【解】 単位物質量の水素分子のエンタルピー(標準生成エンタルピーではない)は，$H = U + PV = U + RT$ より，$(7/2)RT$ で与えられる。水素の標準状態(25 ℃)での化学ポテンシャルは，表8の標準エントロピーの値を用いて

$$\mu^\circ = \frac{7}{2}RT - TS^\circ = \frac{7}{2} \times 8.3145 \times 298.15 - 298.15 \times 130.7 = -30292 \text{ J mol}^{-1}$$

$$\mu = \mu^\circ + RT \ln \frac{P}{P^\circ} = -30292 + 8.3145 \times 298.15 \times \ln \frac{200}{1.0133 \times 10^5} = \underline{-4.57 \times 10^4 \text{ J mol}^{-1}}$$

❏ 2. NO$_2$ が会合して N$_2$O$_4$ になる反応と N$_2$O$_4$ が解離して NO$_2$ が生じる反応は，いずれの方向にも進むことができる可逆反応である。

$$2NO_2(g) \rightleftharpoons N_2O_4(g)$$

　(a) 1.01×10^5 Pa，25 ℃ における上記の正反応の N$_2$O$_4$(g) 単位物質量(1 mol)あたりのエントロピー変化 ΔS°，エンタルピー変化 ΔH° および標準反応ギブズエネルギー ΔG° を求めよ。

　(b) 1.01×10^5 Pa，25 ℃ における $2NO_2(g) \rightleftharpoons N_2O_4(g)$ の平衡定数を求めよ。

　(c) 1.01×10^5 Pa，25 ℃ で $2NO_2(g) \rightarrow N_2O_4(g)$ の反応は自発的に進むか。

【解】 (a) 表7および表8の標準生成エンタルピー，標準エントロピーの値を用いて

$$\Delta S^\circ = 304.2 - 2 \times 240.0 = \underline{-175.8 \text{ J K}^{-1} \text{ mol}^{-1}}$$

$$\Delta H^\circ = 9.2 - 2 \times 33.2 = \underline{-57.2 \text{ kJ mol}^{-1}}$$

$$\Delta G^\circ = \Delta H^\circ - T\Delta S^\circ = -57.2 \times 10^3 + 298.15 \times 175.8 = -4.785 \times 10^3 = \underline{-4.8 \times 10^3 \text{ J mol}^{-1}}$$

　(b) $K^\circ = \exp\left(-\frac{\Delta G^\circ}{RT}\right) = \exp\left(-\frac{-4.785 \times 10^3}{8.314 \times 298.2}\right) = \underline{6.9}$

　(c) $\Delta G^\circ < 0$ であるから自発的に進む。

❏ 3. 700 K で，N$_2$ + 3H$_2$ ⇌ 2NH$_3$ の反応が化学平衡に達しているとする。平衡定数を求めよ。生成エンタルピーとエントロピーは，いずれも温度には依存しないものとする。

【解】　表 7 および表 8 の標準生成エンタルピー，標準エントロピーの値を用いて

$$\Delta G° = 2 \times (-46.1 \times 10^3 - 700 \times 192.5) + 700 \times 191.6 + 3 \times 700 \times 130.7$$
$$= 4.689 \times 10^4 \text{ J mol}^{-1}$$

$$K° = \exp\left(-\frac{\Delta G°}{RT}\right) = \exp\left(-\frac{4.689 \times 10^4}{8.314 \times 700}\right) = 3.169 \times 10^{-4} = \underline{3.2 \times 10^{-4}}$$

▶注：$\Delta G°$ の計算の段階で，有効数字は 2 桁となる。

❏**4.** 窒素 1.00 mol と水素 3.00 mol から出発して，N_2, H_2, NH_3 が化学平衡に達したとする。前問の結果を利用して，容器の体積を 1.00 dm^3，温度を 700 K としたときの平衡状態におけるアンモニアの物質量を求めよ。気体はすべて理想気体の状態方程式を満たすとする。

【解】　生成するアンモニアの物質量を $2x$ $(x \leq 1.00 \text{ mol})$ とする。前問の結果を利用して

$$K° = 3.169 \times 10^{-4} = \frac{\left(\dfrac{P_{NH_3}}{P°}\right)^2}{\left(\dfrac{P_{N_2}}{P°}\right)\left(\dfrac{P_{H_2}}{P°}\right)^3} = \frac{(P_{NH_3}P°)^2}{P_{N_2}P_{H_2}^3}$$

$$= \frac{\left(\dfrac{2xRT}{V}\right)^2 (P°)^2}{\dfrac{(1.00-x)RT}{V}\left(\dfrac{(3.00-3x)RT}{V}\right)^3}$$

$$= \frac{4x^2(VP°)^2}{27(1.00-x)^4(RT)^2} = \frac{4 \times (1.00 \times 10^{-3} \times 1.013 \times 10^5)^2 x^2}{27 \times (8.314 \times 700)^2 \times (1.00-x)^4}$$

$$= 4.488 \times 10^{-5}\frac{x^2}{(1.00-x)^4}$$

これより，$2x = 1.093 = \underline{1.1 \text{ mol}}$

❏**5.** 固体の溶解反応 $AB(s) \leftrightarrows A^+(aq) + B^-(aq)$ の平衡定数が，27 ℃ のとき 1.0，77 ℃ のとき 1.0×10^2 であった。それぞれの温度において，飽和溶液 100 cm^3 中に含まれる $A^+(aq)$ の物質量を求めよ。(aq) は水和物を表す。

【解】　固体の存在は平衡には関与しないので，平衡定数 $K°$ は $[A^+(aq)][B^-(aq)]$ で与えられる。27 ℃ では $K° = 1.0$，$[A^+(aq)] = [B^-(aq)]$ であるので，溶液 1.0 dm^3 中に $A^+(aq)$ は 1.0 mol 溶けている。よって，溶液 100 cm^3 に含まれる $A^+(aq)$ の物質量は $\underline{0.10 \text{ mol}}$。

　77 ℃ でも同様にして，溶液 100 cm^3 に含まれる $A^+(aq)$ の物質量は $\underline{1.0 \text{ mol}}$。

❏**6.** 生成エンタルピーとエントロピーが温度に依存しないとすると，2 つの温度での平衡定数の比は，エントロピーの値には依存しないことを示せ。

【解】 温度 T_1, T_2 での平衡定数が K_1°, K_2° で，標準反応ギブズエネルギーが ΔG_1°, ΔG_2° で表されるとする。

$$K_1^\circ = \exp\left(-\frac{\Delta G_1^\circ}{RT_1}\right) = \exp\left(-\frac{\Delta H^\circ - T_1\,\Delta S^\circ}{RT_1}\right)$$

$$K_2^\circ = \exp\left(-\frac{\Delta G_2^\circ}{RT_2}\right) = \exp\left(-\frac{\Delta H^\circ - T_2\,\Delta S^\circ}{RT_2}\right)$$

これより

$$\frac{K_1^\circ}{K_2^\circ} = \exp\left(-\frac{\Delta G_1^\circ}{RT_1} + \frac{\Delta G_2^\circ}{RT_2}\right) = \exp\left(-\frac{\Delta H^\circ}{RT_1} + \frac{\Delta H^\circ}{RT_2}\right)$$

この値はエントロピーに依存しない。

❏7. 温度と圧力をそれぞれ 27 ℃ と 1.01×10^5 Pa に固定した系おいて，純粋な気体 AB から出発して，$AB(g) \rightleftharpoons A(g) + B(g)$ なる化学平衡に達した。AB の解離度が 0.60 であるときの平衡定数 K° と標準反応ギブズエネルギー ΔG° を求めよ。気体はドルトンの分圧の法則を満たすとする。

【解】 全圧が標準大気圧 P° で，解離度が 0.60 であるときの AB, A, B の分圧は，それぞれ $P_{AB} = 0.40P^\circ/1.60$, $P_A = 0.60P^\circ/1.60$, $P_B = 0.60P^\circ/1.60$ である。よって，平衡定数は

$$K^\circ = \frac{(P_A/P^\circ)(P_B/P^\circ)}{P_{AB}/P^\circ} = \frac{0.60 \times 0.60}{0.40 \times 1.60} = 0.5625 = \underline{0.56}$$

標準反応ギブズエネルギーは

$$\Delta G^\circ = -RT\ln K^\circ = -8.314 \times 300.2 \times \ln(0.5625) = \underline{1.4 \times 10^3 \text{ J mol}^{-1}}$$

❏8. $CH_4(g) + H_2O(g) \rightleftharpoons CO(g) + 3H_2(g)$ の反応が平衡に達しているとする。平衡組成は，圧力を一定に保ったまま昇温するとどのように変化するか。理由を付して答えよ。水蒸気の生成エンタルピーを -241.8 kJ mol^{-1} とし，生成エンタルピーは温度には依存しないとする。

【解】 生成エンタルピーの値から，正反応は $-1 \times 110.5 + 1 \times 74.6 + 1 \times 241.8 = 205.9$ kJ の吸熱反応である。よって，昇温するとルシャトリエの原理から $CO + 3H_2$ の側に平衡は移動する。

応 用 問 題

❏9. 常温で酸素と水素を混合した場合，その組成は時間に依存せず一定である。このことから，常温の酸素と水素の混合系は化学平衡の状態にあると結論してもよいか。

【解】　結論してはいけない。化学平衡の状態では正反応と逆反応が同じ速さで起こって
いなければならない。常温の酸素と水素の混合系の場合，反応が起こっていないので
化学平衡の状態ではない。また，平衡状態は，衝撃等の刺激に対して安定である必要
がある。多くの酸素と水素の混合系は小さな火花によって，爆発的に反応が進行する。

□**10.** 25℃において，酸化銀と銀と酸素の系が平衡状態になっているとする。そ
のときの酸素の圧力を求めよ。標準大気圧下で単位物質量(1 mol)の酸化銀から銀
と酸素が生成する反応の標準反応ギブズエネルギー $\Delta G°$ を 11.2 kJ mol^{-1} とする。

【解】　反応式は，$Ag_2O(s) \rightleftharpoons 2Ag(s) + \dfrac{1}{2} O_2(g)$

酸素の圧力を P_{O_2}，標準大気圧を $P°$ とすると，Ag 等の固体の存在は平衡には関与し
ないので，平衡定数 $K°$ は

$$K° = \left(\frac{P_{O_2}}{P°}\right)^{1/2}$$

これと $K° = \exp(-\Delta G°/RT)$ を連立させて

$$\left(\frac{P_{O_2}}{P°}\right)^{1/2} = \exp\left(-\frac{\Delta G°}{RT}\right) = \exp\left(-\frac{11.2 \times 10^3}{8.3145 \times 298.15}\right) = 0.010911$$

したがって，$P_{O_2} = (0.010911)^2 \times 1.0133 \times 10^5 = \underline{12.1\ Pa}$

□**11.** $CaCO_3(s)$ の熱分解反応 $CaCO_3(s) \rightleftharpoons CaO(s) + CO_2(g)$ が 25℃で平衡状態
にあるとき，$CO_2(g)$ の圧力 P_{CO_2} はいくらか。正反応における標準反応ギブズエネ
ルギー $\Delta G°$ は $CaCO_3(s)$ 単位物質量(1 mol)あたり 130.4 kJ mol^{-1} とする。

【解】　CO_2 の圧力を P_{CO_2}，標準大気圧を $P°$ とすると，平衡定数は，固体の寄与は無視
して，

$$K° = \frac{P_{CO_2}}{P°}$$

であるから，

$$P_{CO_2} = P°K° = P°\exp\left(-\frac{\Delta G°}{RT}\right)$$

$\Delta G°$ の値を代入して

$$P_{CO_2} = 1.0133 \times 10^5 \times \exp\left(-\frac{130.4 \times 10^3}{8.3145 \times 298.15}\right) = \underline{1.45 \times 10^{-18}\ Pa}$$

▶**注**：この低い CO_2 圧が，$CaCO_3$ が建築用材(漆喰や大理石材)として用いられる理由の一つ
である。

□**12.** 塩化銀の溶解平衡 $AgCl(s) \rightleftharpoons Ag^+(aq) + Cl^-(aq)$ の 25℃における平衡定数
と溶解度積ならびに溶解度(溶媒に溶ける溶質の最大質量と溶媒の質量の比の 100
倍)を求めよ。正反応における $AgCl(s)$ 単位物質量(1 mol)あたりの標準反応ギブズ
エネルギー $\Delta G°$ を 55.7 kJ mol^{-1}，水の密度を 1.00 g cm^{-3} とする。(aq) は水和物を
表す。

【解】 平衡定数は

$$K° = \exp\left(-\frac{55.7 \times 10^3}{8.3145 \times 298.15}\right) = 1.7451 \times 10^{-10} = \underline{1.75 \times 10^{-10}}$$

$K° = [Ag^+][Cl^-]$ で，溶解度積も同じ値となる。よって，$K_{sp} = [Ag^+][Cl^-] = \underline{1.75 \times 10^{-10}}$

AgCl の飽和モル濃度は，$[Ag^+] = [Cl^-] = (1.7451 \times 10^{-10})^{1/2} = 1.3210 \times 10^{-5}$ mol dm^{-3}。

AgCl のモル質量は 143.4 g mol^{-1} であるから，AgCl は 1.00×10^2 cm^3 の飽和水溶液中に 1.8943×10^{-4} g 含まれる。このような希薄溶液であれば，溶解による溶液の体積変化は無視でき，溶解度は $\underline{1.89 \times 10^{-4}}$。

❏ **13.** 平衡反応 $H_2(g) + I_2(g) \rightleftharpoons 2HI(g)$ について，次の問いに答えよ。$I_2(g)$ と $HI(g)$ の標準大気圧下での生成エンタルピーをそれぞれ 62.4, 26.5 kJ mol^{-1}，単位物質量（1 mol）あたりのエントロピーをそれぞれ 260.7, 206.6 J K^{-1} mol^{-1} とし，いずれも温度には依存しないものとする。気体は，すべて理想気体の状態方程式を満たすとする。

(a) 400 K と 500 K での平衡定数を求めよ。

(b) 体積 1.0 dm^3 の容器に H_2 と I_2 をそれぞれ 0.10 mol ずつ入れて密閉する。400 K で平衡に達したときの H_2, I_2 および HI の物質量を求めよ。400 K における I_2 の蒸気圧を 16 kPa とする。

(c) (b)の条件から温度だけを 500 K に上げる。平衡に達したときの HI の物質量を求めよ。500 K における I_2 の蒸気圧を 430 kPa とする。

【解】 (a) 生成エンタルピーとエントロピーの値から，400 K では

$$\Delta G° = 2 \times (26.5 \times 10^3 - 400 \times 206.6) + 400 \times 130.7 - (62.4 \times 10^3 - 400 \times 260.7)$$
$$= -1.812 \times 10^4 \text{ J mol}^{-1}$$

よって，

$$K° = \exp\left(-\frac{\Delta G°}{RT}\right) = \exp\left(-\frac{-1.812 \times 10^4}{8.314 \times 400}\right) = 232.4 = \underline{2.3 \times 10^2}$$

500 K では

$$\Delta G° = 2 \times (26.5 \times 10^3 - 500 \times 206.6) + 500 \times 130.7 - (62.4 \times 10^3 - 500 \times 260.7)$$
$$= -2.030 \times 10^4 \text{ J mol}^{-1}$$

よって，

$$K° = \exp\left(-\frac{\Delta G°}{RT}\right) = \exp\left(-\frac{-2.030 \times 10^4}{8.314 \times 500}\right) = 132.1 = \underline{1.3 \times 10^2}$$

▶**注**：$\Delta G°$ の計算の段階で，有効数字は 2 桁となる。

(b) 0.10 mol の I_2 がすべて気体になるとすると 400 K での分圧は 333 kPa となる。この値は，400 K での蒸気圧 16 kPa よりもかなり高いので，I_2 の一部が固体または液体として残り，16 kPa が I_2 の分圧となると仮定して計算する。HI の生成量を $2x$（$x \leq 0.10$ mol）とする。

$$K^\circ = 232.4 = \frac{\left(\dfrac{P_{HI}}{P^\circ}\right)^2}{\left(\dfrac{P_{H_2}}{P^\circ}\right)\left(\dfrac{P_{I_2}}{P^\circ}\right)} = \frac{(P_{HI})^2}{P_{H_2}P_{I_2}} = \frac{\left(\dfrac{2xRT}{V}\right)^2}{\dfrac{(0.10-x)RT}{V}P_{I_2}}$$

$$= \frac{4x^2RT}{(0.10-x)VP_{I_2}} = \frac{4x^2 \times 8.314 \times 400}{(0.10-x) \times 1.0 \times 10^{-3} \times 16 \times 10^3}$$

$$= \frac{x^2}{0.10-x} \times 831.4$$

これより $\qquad x = 0.07815$

$\qquad 2x = 0.1563 = \underline{0.16\ mol}$

このとき，H_2 および I_2 の物質量はともに $\underline{0.02\ mol}$ である。なお，残った I_2 が，すべて気体となった場合の分圧は 73 kPa で，蒸気圧 16 kPa よりも高い。これは，凝縮相の I_2 が残るとする最初の仮定の正当性を示している。

（c）すべての I_2 が気体となったとしたときの分圧は 416 kPa で，500 K での蒸気圧 430 kPa よりも低く，すべての I_2 が気体になると考えられる。HI の生成量を $2x$（$x \leq 0.10\ mol$）とする。

$$K^\circ = 132.1 = \frac{\left(\dfrac{P_{HI}}{P^\circ}\right)^2}{\left(\dfrac{P_{H_2}}{P^\circ}\right)\left(\dfrac{P_{I_2}}{P^\circ}\right)} = \frac{(P_{HI})^2}{P_{H_2}P_{I_2}} = \frac{\left(\dfrac{2xRT}{V}\right)^2}{\left\{\dfrac{(0.10-x)RT}{V}\right\}^2}$$

$$= \frac{4x^2}{(0.10-x)^2}$$

これより $\qquad x = 0.08518$

$\qquad 2x = 0.1704 = \underline{0.17\ mol}$

□**14.** $2NO_2 \rightleftharpoons N_2O_4$ の反応が平衡に達しているとする。次の場合，平衡はどちらに移動するか。理由を付して答えよ。
 （a）温度と体積を一定に保って Ar を入れた場合
 （b）温度と全圧を一定に保って Ar を入れた場合

【解】 どちらの場合も次の化学平衡の式が成り立つ。

$$K^\circ = \frac{\left(\dfrac{P_{N_2O_4}}{P^\circ}\right)}{\left(\dfrac{P_{NO_2}}{P^\circ}\right)^2} = \frac{P_{N_2O_4}P^\circ}{(P_{NO_2})^2}$$

 （a）体積が一定であるから，N_2O_4 と NO_2 の分圧に変化はなく，平衡の移動はない。
 （b）体積の増大が見込まれ，N_2O_4 と NO_2 の分圧はともに同じ割合で減少する。この場合，NO_2 の分圧の減少の効果の方が大きく，ルシャトリエの原理から平衡は NO_2 が生成する側に移動する。

発 展 問 題

□**15.** 純物質において，化学ポテンシャル μ は，ギブズエネルギー G の物質量 n による微分

$$\mu = \frac{\mathrm{d}G}{\mathrm{d}n}$$

で定義される。一方，混合物においては，成分 i の化学ポテンシャルは，次の偏微分（成分 i の物質量 n_i 以外の変数をすべて固定して n_i で微分したもの）で定義される。

$$\mu_i = \frac{\partial G}{\partial n_i}$$

　簡単のため，2 種類の理想気体 A, B の混合物を考える。一般に，ギブズエネルギーは，圧力 P，温度 T，物質量 n_A, n_B の関数で与えられるので，A と B の化学ポテンシャル μ_A, μ_B は

$$\mu_A = \frac{\partial G(P, T, n_A, n_B)}{\partial n_A}, \qquad \mu_B = \frac{\partial G(P, T, n_A, n_B)}{\partial n_B}$$

で与えられる。この定義を用いて，混合理想気体のギブズエネルギーが

$$G = n_A \mu_A + n_B \mu_B$$

で与えられることを示せ。

【解】 G は示量変数であるので，物質量を x 倍した場合，G も x 倍になる。

$$x G(P, T, n_A, n_B) = G(P, T, xn_A, xn_B)$$

両辺を x で偏微分すると

$$G(P, T, n_A, n_B) = n_A \frac{\partial G(P, T, xn_A, xn_B)}{\partial(xn_A)} + n_B \frac{\partial G(P, T, xn_A, xn_B)}{\partial(xn_B)}$$

ここで，$x = 1$ とおくと

$$G(P, T, n_A, n_B) = n_A \frac{\partial G(P, T, n_A, n_B)}{\partial n_A} + n_B \frac{\partial G(P, T, n_A, n_B)}{\partial n_B} = n_A \mu_A + n_B \mu_B$$

となる。

▶**注**：圧力 $P°$，温度 T における A, B の化学ポテンシャルをそれぞれ $\mu_A°, \mu_B°$ とするとき，分圧がそれぞれ P_A, P_B で温度が T である混合理想気体のギブズエネルギーは

$$G = n_A \mu_A° + n_A RT \ln \frac{P_A}{P°} + n_B \mu_B° + n_B RT \ln \frac{P_B}{P°}$$

で与えられる。

□**16.** 標準大気圧の理想気体 A 0.400 mol と同圧の理想気体 B 0.100 mol を 25 ℃ で混合する。圧力は標準大気圧に保つとして，混合によるギブズエネルギー変化を求めよ。

【解】　標準大気圧を P° とすると混合後の分圧 P_A, P_B はそれぞれ $0.800P^\circ, 0.200P^\circ$ となる。前問の結果から

$$\Delta G = n_A\left(\mu_A{}^\circ + RT \ln \frac{P_A}{P^\circ}\right) + n_B\left(\mu_B{}^\circ + RT \ln \frac{P_B}{P^\circ}\right) - (n_A\mu_A{}^\circ + n_B\mu_B{}^\circ)$$

$$= 8.3145 \times 298.15 \times \{0.400 \times \ln(0.800) + 0.100 \times \ln(0.200)\}$$

$$= \underline{-620\,\text{J}}$$

❏17. 気体分子 A と B から C が生じる反応およびその逆反応 $(A + 3B \rightleftharpoons 2C)$ について，系が平衡に達していない場合，反応が等温定圧条件下で正反応と逆反応のどちらの方向に進むかを判定する方法を考えよ。絶対温度を T，A, B, C の分圧をそれぞれ P_A, P_B, P_C とし，標準大気圧下，温度 T での化学ポテンシャルをそれぞれ $\mu_A{}^\circ$, $\mu_B{}^\circ$, $\mu_C{}^\circ$ とする。気体はすべて理想気体とする。

【解】　A, B, C の物質量をそれぞれ n_A, n_B, n_C とし，化学ポテンシャルを μ_A, μ_B, μ_C とする。全体のギブズエネルギー G は，問 15 より

$$G = n_A\mu_A + n_B\mu_B + n_C\mu_C$$

この値が減少する方向へ反応は進むと考えてよい。

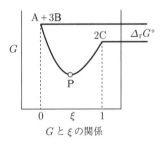

G と ξ の関係

反応による A, B, C の物質量変化をそれぞれ $dn_A(<0)$, $dn_B(<0)$, $dn_C(>0)$ とするとき，ギブズエネルギー変化は

$$dG = \mu_A\,dn_A + \mu_B\,dn_B + \mu_C\,dn_C$$

で与えられる。$dn_A : dn_B : dn_C = -1 : -3 : 2$ であるので，$\dfrac{dn_A}{-1} = \dfrac{dn_B}{-3} = \dfrac{dn_C}{2} = d\xi$ とおく。ξ は反応進行度とよばれる量で，A と B が未反応（たとえば $n_A = 1\,\text{mol}$, $n_B = 3\,\text{mol}$, $n_C = 0\,\text{mol}$）のときに 0，すべてが C になったとき（たとえば $n_A = 0\,\text{mol}$, $n_B = 0\,\text{mol}$, $n_C = 2\,\text{mol}$）に $1\,\text{mol}$（単位物質量）と定義される。図は，反応混合物がもつギブズエネルギー G を ξ に対して示した概念図である。

各成分の化学ポテンシャルは

$$\mu_i = \mu_i{}^\circ + RT \ln \frac{P_i}{P^\circ} \quad (i = A, B, C)$$

で与えられるので

$$dG = (-\mu_A - 3\mu_B + 2\mu_C)\,d\xi$$

$$= \left\{ -\left(\mu_A{}^\circ + RT \ln \frac{P_A}{P^\circ}\right) - 3\left(\mu_B{}^\circ + RT \ln \frac{P_B}{P^\circ}\right) + 2\left(\mu_C{}^\circ + RT \ln \frac{P_C}{P^\circ}\right) \right\} d\xi$$

$$= \left(2\mu_C{}^\circ - \mu_A{}^\circ - 3\mu_B{}^\circ + RT \ln \frac{P_C{}^2 (P^\circ)^2}{P_A P_B{}^3} \right) d\xi$$

$dG/d\xi = 2\mu_C{}^\circ - \mu_A{}^\circ - 3\mu_B{}^\circ + RT \ln\{P_C{}^2 (P^\circ)^2 / P_A P_B{}^3\}$ が負のとき，反応が進むと G が減少するので正反応が起こり，正のときには逆反応が起こる。

❏**18.** 窒素，水素，アンモニアの分圧が $P_{N_2} = 17\,kPa$, $P_{H_2} = 50\,kPa$, $P_{NH_3} = 33\,kPa$ であるとき，25℃での反応 $N_2(g) + 3H_2(g) \rightleftharpoons 2NH_3(g)$ の N_2 単位物質量（1 mol）あたりのギブズエネルギー変化 $dG/d\xi = 2\mu_{NH_3} - (\mu_{N_2} + 3\mu_{H_2})$ を求めよ。また，等温定圧条件下では，反応はどちら向きに進むか。

【解】　前問の結果に数値を代入する。N_2 単位物質量あたりの標準反応エンタルピー $\Delta_r H°$ は

$$2\Delta_f H_{NH_3}° - (\Delta_f H_{N_2}° + 3\Delta_f H_{H_2}°) = 2 \times (-46.1) = -92.2\,kJ\,mol^{-1}$$

同反応過程における N_2 単位物質量あたりの標準エントロピーの変化 $\Delta_r S°$ は

$$2S_{NH_3}° - (S_{N_2}° + 3S_{H_2}°) = 2 \times 192.5 - (191.6 + 3 \times 130.7) = -198.7\,J\,K^{-1}\,mol^{-1}$$

標準大気圧下での化学ポテンシャルの差 $2\mu_{NH_3}° - (\mu_{N_2}° + 3\mu_{H_2}°)$ は，同条件における標準反応ギブズエネルギー $\Delta G°$ に等しく

$$\Delta G° = \Delta_r H° - T\Delta_r S° = -92.2 - 298.2 \times \frac{-198.7}{1000} = -32.948\,kJ\,mol^{-1}$$

対数項の部分は

$$8.314 \times 10^{-3} \times 298.2 \times \ln\left[\frac{(33 \times 10^3)^2 \times (1.013 \times 10^5)^2}{17 \times 10^3 \times (50 \times 10^3)^3}\right] = 4.115\,kJ\,mol^{-1}$$

よって，

$$\frac{dG}{d\xi} = 2\mu_{NH_3} - (\mu_{N_2} + 3\mu_{H_2}) = -32.948 + 4.115 = \underline{-28.8\,kJ\,mol^{-1}}$$

となり，$dG/d\xi < 0$ であるので，反応は G の極小値（正反応側）に向かって進み，$NH_3(g)$ 濃度が増加する。

▶**注**：ここでは 25℃という設定にしているが，この温度では平衡に達するまでの時間は極めて長いと予想される。

❏**19.** 25℃における硫酸銅(II)五水和物上の平衡水蒸気圧を計算せよ。硫酸銅(II)五水和物，硫酸銅(II)および水蒸気の標準大気圧下での化学ポテンシャルをそれぞれ -1879.7, -661.8, $-228.6\,kJ\,mol^{-1}$ とする。

【解】　反応式は，$CuSO_4 \cdot 5H_2O(s) \rightleftharpoons CuSO_4(s) + 5H_2O(g)$

$$\Delta G° = -661.8 + 5 \times (-228.6) - (-1879.7) = 74.9\,kJ\,mol^{-1}$$

水蒸気圧を P_{H_2O}，標準大気圧を $P°$ とすると，平衡定数は，固体の寄与は無視して $K° = \left(\dfrac{P_{H_2O}}{P°}\right)^5$ であるから，

$$P_{H_2O} = P°(K°)^{1/5} = P°\left\{\exp\left(-\frac{\Delta G°}{RT}\right)\right\}^{1/5}$$

$$= P°\exp\left(-\frac{\Delta G°}{5RT}\right) = 1.0133 \times 10^5 \times \exp\left(-\frac{74.9 \times 10^3}{5 \times 8.3145 \times 298.15}\right) = \underline{241\,Pa}$$

復 習 問 題 ————————————————————————

1. 2.0 mol，60 dm^3 の窒素を 373 K において 6.0 dm^3 まで等温圧縮した。化学ポテンシャルの変化量を求めよ。窒素は理想気体とする。

2. 600 K で，N$_2$ + 3H$_2$ ⇌ 2NH$_3$ の反応が化学平衡に達しているとする。平衡定数を求めよ。生成エンタルピーとエントロピーは，いずれも温度には依存しないものとする。

3. 純粋なアンモニア 1.00 mol から出発して，N$_2$, H$_2$, NH$_3$ が化学平衡に達したとする。前問の結果を利用して，容器の体積 V が 1.00 dm^3，温度 T が 600 K としたときの平衡状態におけるアンモニアの物質量を求めよ。気体はすべて理想気体の状態方程式を満たすとする。

4. 標準大気圧下において，N$_2$O$_4$ と NO$_2$ が平衡となり，かつ両者の分圧が等しくなる温度を求めよ。生成エンタルピーとエントロピーは，いずれも温度には依存しないものとする。

5. 8.0×10^{-4} mol dm^{-3} のヨウ素の水溶液 100 cm^3 に 2.0 cm^3 の四塩化炭素を加え，撹拌したのち静置したところ二相に分離し，ヨウ素の一部が四塩化炭素相に移動して平衡状態となった。平衡定数(CCl$_4$ 相中の I$_2$ のモル濃度／水相中の I$_2$ のモル濃度)を 87 として，平衡状態における CCl$_4$ 相中の I$_2$ のモル濃度を求めよ。CCl$_4$ の水への溶解と水の CCl$_4$ への溶解および I$_2$ の移動による液体の体積変化は無視できるものとする。

6. C$_2$H$_5$OH(g) + 3H$_2$O(g) ⇌ 2CO$_2$(g) + 6H$_2$(g) の反応が平衡に達しているとする。次の場合，平衡はどちらに移動するか。理由を付して答えよ。水蒸気と C$_2$H$_5$OH(g) の生成エンタルピーを − 241.8 kJ mol^{-1} と − 234.8 kJ mol^{-1} とし，生成エンタルピーは温度には依存しないとする。

(a) 圧力を一定に保ったまま温度を上げる場合

(b) 温度を一定に保ったまま圧力を上げる場合

11　物質の状態変化

　物質の三相というと，通常は固相，液相，気相をさす。そして，ある相から別の相への変化を相転移とよぶ。実際には固相から固相への相転移等もあるが，本書では，そこまでは立ち入らない。高温高圧の状態では気相と液相の境界がなくなる。このような状態にある物質を超臨界流体とよぶ。

重要公式

- ギブズの相律：自由度（示強変数について）$f = $ 成分の数 c − 相の数 $p + 2$

$$f = c - p + 2$$

- クラウジウス–クラペイロンの式（一般の相転移について成り立つ式）

$$\frac{dP}{dT} = \frac{\Delta H}{T \Delta V}$$

- クラウジウス–クラペイロンの式の積分形（理想気体への蒸発と昇華について成り立つ式）

$$\ln \frac{P_2}{P_1} = \frac{\Delta_v H}{R}\left(\frac{1}{T_1} - \frac{1}{T_2}\right) \qquad (\Delta_v H \text{ は蒸発（昇華）エンタルピー})$$

基 本 問 題

> ❏**1.** 次の系のギブズの相律における自由度を求めよ。自由度には具体的に何が考えられるか。
> 　(a) 氷（固体の水）のみからなる系
> 　(b) 標準大気圧下で平衡にある水とメタノールの混合溶液とその蒸気の系

【解】 成分の数を c，相の数を p，自由度を f で表す。

　(a) $f = c - p + 2 = 1 - 1 + 2 = 2$ より自由度は 2 であり，温度と圧力が対応する。

　(b) $f = c - p + 2 = 2 - 2 + 2 = 2$ であるが，圧力が標準大気圧と指定されているので，残りの自由度は 1。考えられる自由度は，温度，液相の組成，気相の組成のいずれかで，どれかが決まると残りは自動的に決まる。

> ❏**2.** 窒素と水素を固体触媒存在下で混合し，窒素，水素，アンモニアが化学平衡に達した。このとき，ギブズの相律における自由度はいくらで，その自由度は何に対応するか。また，純粋なアンモニアから出発して，化学平衡に達した場合はどうか。

【解】 窒素と水素を混合した場合，$c=3, p=1$ であり（触媒も含めれば $c=4, p=2$），$f=3-1+2=4$（触媒も含めれば $f=4-2+2=4$）となる。ただし，化学平衡という条件があるため，自由度は 1 減り 3 となる。この自由度は二種の気体（たとえば N_2 と H_2）のモル分率，圧力（全圧），温度のうちの 3 つが対応する。

純粋なアンモニアから出発した場合は，窒素と水素のモル分率の比は 1:3 と固定されるため，自由度はさらに 1 減り 2 となる。よって，1 つの気体（たとえば NH_3）のモル分率，圧力（全圧），温度のうち，2 つが決まると残りは自動的に決まる。

☐**3.** 状態図とは何かについて説明せよ。

【解】 系の状態を記述するために必要な変数を座標軸にとって，相間の平衡関係を示した図のこと。一成分系では，通常は縦軸に圧力，横軸に温度をとる。二成分系では，圧力を固定し縦軸に温度，横軸にモル分率をとることが多い。

☐**4.** 質量数 4 のヘリウム ^{4}He は，2.5 MPa 以下では絶対零度でも液体で，凝固することはない。^{4}He の相図（固体・液体・気体のみを区別した定性的なものでよい）を描け。また，臨界点や固体・液体・気体の三重点は存在するか。なお，液体の ^{4}He は低温で超流動相に相転移するが，その点は考慮しなくてよい。

【解】 右図のように融解曲線（右上がりで，縦軸と 2.5 MPa で交わる）と蒸発曲線（右上がりで，横軸とは 0 K 以上で交わる）は交差することはなく，臨界点は存在するが，固体・液体・気体の三重点は存在しない。

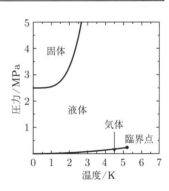

▶**注**：1 MPa，25 ℃のヘリウムは，定義上「超臨界流体」であるが，通常は「気体」として扱われる。また，絶対零度でも液体が存在することは，絶対零度でも原子の運動が完全には止まらないことに符合する。（第 3 章，問 14 参照）

☐**5.** 標準大気圧下で 100 ℃の水 1000 g を準静的に熱して 100 ℃の水蒸気にする。その際に必要な熱はいくらか。また，水蒸気がする仕事はいくらか。水の蒸発エンタルピーを 2257 J g^{-1}，水の密度を 1.0 g cm^{-3} とし，水蒸気は理想気体の状態方程式を満たすとする。

【解】 定圧下であるので，必要な熱はエンタルピー変化に等しく $1000 \times 2257 = 2.257 \times 10^6$ J

蒸発後の水蒸気の体積を V とすると，理想気体の状態方程式から

$$V = \frac{nRT}{P} = \frac{(1000/18.0) \times 8.3145 \times 373.15}{1.0133 \times 10^5}$$

外圧が一定(1.0133×10^5 Pa)で，内圧と外圧が平衡を保ちつつ膨張しているので，水蒸気がする仕事は 圧力 × 体積変化で

$$1.0133 \times 10^5 \times (V - 1.0 \times 10^{-3}) = \underline{1.72 \times 10^5}\ \text{J}$$

▶注：加えられた熱とした仕事の差は水の内部エネルギーの増加に対応する。

□**6.** 1.50 気圧で安全弁が作動する圧力鍋を用いた場合，水の沸点は何度まで上げられるか。水の蒸発エンタルピーを 2257 J g^{-1} とし，水蒸気は理想気体の状態方程式を満たすとする。

【解】 沸騰時，水蒸気圧は 1.50 気圧となるので，これをクラウジウス–クラペイロンの式(積分形)に代入して

$$\ln \frac{1.50}{1.00} = \frac{18.0 \times 2257}{8.3145} \times \left(\frac{1}{373.15} - \frac{1}{T} \right)$$

これより，$T = \underline{385\ \text{K}}$（112 ℃ 実測値も同じ）

□**7.** 0 ℃において，氷が水蒸気に一定圧力下で昇華する際のエントロピー変化を 10.37 J K^{-1} g^{-1} とする。0 ℃における水蒸気圧を 611 Pa として，-10 ℃における水蒸気圧を計算せよ。

【解】 氷の昇華エンタルピーは，エントロピー変化と温度の積で与えられるので，2832.57 J g^{-1} である。-10 ℃における蒸気圧を P とすると，クラウジウス–クラペイロンの式(積分形)から

$$\ln \frac{P}{611} = \frac{18.0 \times 2832.57}{8.3145} \times \left(\frac{1}{273.15} - \frac{1}{263.15} \right)$$

これより，$P = \underline{2.6 \times 10^2}\ \text{Pa}$（実測値は 286 Pa）

▶注：桁落ちのため，有効数字は 2 桁となる。

□**8.** 水とメタノール(沸点 65 ℃)の混合系の沸点図を描き，分別蒸留の原理について説明せよ。

【解】 メタノールのモル分率が低い，たとえばA点のような状態を考える。ここから出発して温度を上げていくとB点に達した段階で蒸発がはじまる。この際，蒸発して出てくる蒸気のモル分率はC点での値であり，A点での値よりも大きい。よって，この蒸気を集め再度液化させることで，より濃度の高いメタノールを得ることができる。これを繰り返す

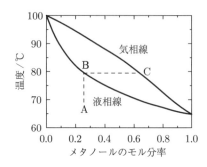

ことで，原理的には限りなく純粋なメタノールが得られる。この操作を分別蒸留または分留という。

□**9.** 侵入型の合金とはどのようなものか説明せよ。また，侵入型合金は純粋な金属と比べて一般に軟らかいか，硬いか。その理由を含めて説明せよ。

【解】 結晶を構成している金属原子の隙間に比較的小さな原子が入り込んだ型の合金を侵入型合金という。侵入型合金は，一般に純粋な金属と比べて硬くなる。これは，金属結晶を構成する原子の動きを隙間の原子が邪魔し，金属原子が動きにくくなるためである。

応 用 問 題

□**10.** 純水は，わずかであるが H^+ と OH^- に電離して化学平衡の状態となっている。この電離を考慮しても，ギブズの相律における自由度は変わらないことを示せ。

【解】 成分の数を c，相の数を p，自由度を f で表す。電離を考慮しない場合は，$f = c - p + 2 = 1 - 1 + 2 = 2$ より自由度は 2 である。電離を考慮した場合は，$c = 3, p = 1$ となるが，化学平衡の条件と H^+ と OH^- のモル分率(モル濃度)が等しくならなければならないことから，やはり自由度は 2 となる。

□**11.** ベンゼンの水に対する溶解および水のベンゼンに対する溶解は無視できるとして，次の系のギブズの相律における自由度を求めよ。
  (a) 液体の水と液体のベンゼンからなる系
  (b) (a)の水とベンゼンに加え，鉄くぎが 10 本沈んでいる系

【解】 (a) 成分の数を c，相の数を p，自由度を f で表す。水相とベンゼン相の二相が存在し，二成分二相系となるので，$f = c - p + 2 = 2$ より自由度は 2 となる。
  (b) 鉄くぎが何本あろうと，鉄についての成分の数は 1，相の数は 1 とみなす。よって，鉄くぎの存在は自由度には影響を与えず，自由度は 2 である。

□**12.** 水が 0 ℃ で凍る際，1.000 g あたり 0.0907 cm³ の体積変化がある。500 気圧の圧力がかかったときの融解温度を求めよ。氷の融解エンタルピーを 334 J g⁻¹ とする。

【解】 0 ℃ での 1.000 g あたりの体積変化 ΔV は 0.0907 cm³ $= 9.07 \times 10^{-8}$ m³。クラウジウス–クラペイロンの式に代入して

$$\frac{\mathrm{d}P}{\mathrm{d}T} = \frac{\Delta H}{T \times \Delta V} = \frac{334}{T \times 9.07 \times 10^{-8}}$$

$$\Delta P = \frac{-334}{9.07 \times 10^{-8}} \ln \frac{T}{273.15}$$

よって，$\Delta P = 500 \times 1.0133 \times 10^5\,\mathrm{Pa}$ として，$T = \underline{269\,\mathrm{K}}$（$-4\,℃$）

☐**13.** かつて，ガラス棒温度計に水銀が広く使われていたが，その最高温度は 360 ℃以下であった。水銀の蒸発エンタルピーを計算し，それをもとに最高温度が 360 ℃であった理由を説明せよ。水銀の 100 ℃と 200 ℃での蒸気圧をそれぞれ 36.4 Pa, 2.304 kPa とする。

【解】 クラウジウス–クラペイロンの式（積分形）を適用して，水銀の蒸気圧の温度依存 から蒸発エンタルピー $\Delta_\mathrm{V} H$ を計算する。

$$\ln \frac{2304}{36.4} = \frac{\Delta_\mathrm{V} H}{8.3145} \times \left(\frac{1}{373.15} - \frac{1}{473.15} \right)$$

より $\qquad \Delta_\mathrm{V} H = 6.089 \times 10^4 = \underline{6.1 \times 10^4\,\mathrm{J\,mol^{-1}}}$

次に，水銀の蒸気圧が標準大気圧に等しくなる温度 T を計算する。

$$\ln \frac{1.0133 \times 10^5}{2304} = \frac{6.089 \times 10^4}{8.3145} \times \left(\frac{1}{473.15} - \frac{1}{T} \right)$$

これより， $\qquad T = 626\,\mathrm{K}\ (353\,℃)$ （実測値は 630 K）

360 ℃を越えると内圧によりガラスが破損する危険性が高くなり，これが特殊な場 合を除き水銀温度計の最高温度であった。

▶**注**：$\Delta_\mathrm{V} H$ の計算の段階で有効数字はいったん 2 桁になるが，温度計算の段階で再び 3 桁に もどる。

☐**14.** 物質 A と物質 B の混合系において， 次のような相図を得た。点 a の状態の混合気体 を冷却し続けたときの 110 ℃と 60 ℃における 液相中の物質 A のモル分率を求めよ。

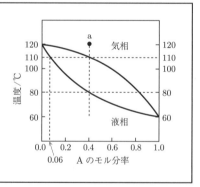

【解】 点 a から温度を下げたとき 110 ℃で凝縮がはじまる。このときの液相中の物質 A のモル分率は水平に引いた線と液相線の交点から $\underline{0.06}$ である。さらに温度を下げる と液相中の物質 A のモル分率は上昇し，80 ℃で凝縮が完了する。60 ℃では，すべて が液体となっているので，物質 A のモル分率は点 a と同じ $\underline{0.40}$ である。

❏**15.** 物質Aと物質Bの混合系において, 次のような相図を得た。点aでの気相および液相中での物質Aのモル分率はいくらか。また, 点aでの気体と液体の物質量比はいくらか。

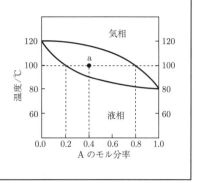

【解】 点aでの水平に引いた線と液相線および気相線との交点から, 物質Aの液相中でのモル分率は 0.20 で, 気相中でのモル分率は 0.80 である。

点aでの液相中の全物質量を n_L, 気相中の全物質量を n_G で表す。液相中での物質Aの物質量は $0.20n_L$ であり, 気相中での物質Aの物質量は $0.80n_G$ である。液相と気相をあわせた全系での物質Aのモル分率は 0.40 であるので

$$0.40 = \frac{0.20n_L + 0.80n_G}{n_L + n_G}$$

$$0.20n_L = 0.40n_G$$

よって, 点aでの気体と液体の物質量比は, $n_G : n_L = 1.0 : 2.0$

発 展 問 題

❏**16.** 一般に「昇華エンタルピーは融解エンタルピーと蒸発エンタルピーの和である」と言ってよいであろうか。

【解】 これが正しいのは, 厳密には同温, 同圧で3種の相転移が可能な三重点においてのみである。しかし, 相転移のエンタルピー変化は圧力や温度にはあまり依存しないので, それほど厳密ではない計算においては, 三重点以外でも上記の関係を仮定する場合も多い。たとえば, 水の蒸発エンタルピーは, 0℃, 611 Pa では 45.0 kJ mol^{-1} であり, 100℃, 1.01×10^5 Pa では 40.6 kJ mol^{-1} であるが, この差は, 水の標準生成エンタルピーの絶対値(285.8 kJ mol^{-1})の 1.5% にすぎない。

❏**17.** 「共融混合物」とはなにか説明せよ。

【解】 構成成分とは異なる一定の融点を示し, かつ融解によって固相と同じ組成の液体となる2種類以上の固体混合物。共融混合物の融点を共融点とよぶ。たとえば, 鉛と錫の質量比 38:62 の混合物の融点は 183℃で, 純粋な鉛や錫の融点(それぞれ 327, 232℃)よりも低い。

❏**18.** 物質Aと物質Bの混合物に対して，次のような共融混合物組成をもつ相図を得た。(a)の領域は，すべてが液体である。(b)から(d)までの各領域には，どのような状態の物質が存在するか答えよ。

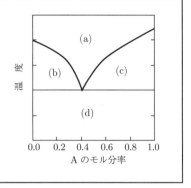

【解】 (b) 液体Aと液体Bと固体B, (c) 液体Aと液体Bと固体A, (d) 固体Aと固体B

❏**19.** 物質Aと物質Bの混合物に対して，次のような共融混合物組成をもつ相図を得た。点aおよび点bの状態の混合液体を100℃まで冷却したときの冷却曲線の概略図を横軸に時間，縦軸に温度をとって示し，状態の変化を解説せよ。

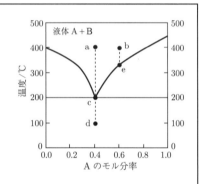

【解】 点aから冷却したときは，200℃の点cまでは単調に冷却が進み，200℃で混合固体A＋Bが析出し，完全に固体になるまで温度は200℃に保たれる。完全に固体になった後は，再び単調に冷却が進み点dに至る（右図実線）。

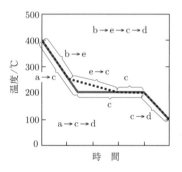

点bから冷却したときは，点eまでは単調に冷却が進み，そこからは固体Aが析出する。固体Aの析出が進むにつれ液体中のBの割合が増え，平衡点は曲線e-cに沿って点cに向かって移動する。その間，固体Aの析出のため，冷却速度は遅くなる。点cに到達すると物質Aと物質Bの混合物からなる固体が析出する。AとBの固体が析出している間は系の温度は一定に保たれ，すべて固体になると，再び単調に冷却が進む（上図点線）。

復 習 問 題 ─────────────────────────

1. 超臨界状態にある水のギブズの相律における自由度はいくらか。また，自由度には具体的に何が考えられるか。

2. 臭化ナトリウム二水和物を真空容器に入れ静置したところ，一部が無水和物と水蒸気に分解し，平衡状態となった。ギブズの相律における自由度を求めよ。なお，臭化ナトリウム二水和物と無水和物が均質な固体(固溶体)を形成することはない。

▶**注**：$NaBr(s)$ と $H_2O(g)$ の物質量比は $1：2$ でなければならない。しかし，$NaBr(s)$ と H_2O (g) は固相と気相で別々の相に存在するので，「両者のモル分率の比が $1：2$ でなければならない」という制約はなく，自由度への影響はない。

3. 標準大気圧下での水の沸点は $100\,℃$ である。一方，洗濯物は標準大気圧下，$25\,℃$ でも乾く。これは，水の状態図から予想される結果と矛盾していないか。

4. クラウジウス–クラペイロンの式を用いて，$1.60 \times 10^5\,Pa$ で安全弁が作動する圧力鍋を用いた場合の水の沸点を計算せよ。水の蒸発エンタルピーを $2257\,J\,g^{-1}$ とする。

5. (1) 「共沸混合物」「共沸点」とは何か説明せよ。

(2) 水とエタノールの質量比 $4：96$ の混合物は共沸混合物である。この混合物中のエタノールのモル分率はいくらか。

6. 超臨界流体の応用の具体例を 2 つ以上あげて解説せよ。

12 溶液の性質

　化学工業の基本は，物質と物質を反応させて，新しい物質を作り出すことである。化学反応が起こるためには，複数の原子や分子がナノメートルスケールで接近することが必要である。実は，固体同士は接触面積が小さく，かつ流動性もないのでほとんど反応しない。また，気体はその密度の低さのため生産効率が悪い。そのため，反応場としては，液相が利用されることが多い。第12章では，この液相，特に溶液の性質に着目する。

重要公式

- ラウールの法則：理想溶液中の揮発成分の蒸気圧 = 純粋液体の蒸気圧×液相中のモル分率　　$P_A = P_A^* x_A$
- 凝固点降下 = モル凝固点降下定数×質量モル濃度　　$\Delta T_f = K_f m_B$
- 沸点上昇 = モル沸点上昇定数×質量モル濃度　　$\Delta T_b = K_b m_B$
- ファントホッフの式：浸透圧 = モル濃度×気体定数×絶対温度

$$\Pi = \frac{n}{V} RT = C_B RT$$

モル濃度は，「物質量濃度」または「容量モル濃度」とよばれることもある。

基 本 問 題

□**1.** X線造影剤としても使われる硫酸バリウムは，溶解度積が 1.08×10^{-10}（25℃）と小さく，難溶性物質である。これをもって，硫酸バリウムは非電解質であると結論してもよいか。

【解】 結論してはいけない。溶解することと電離することは別問題である。硫酸バリウムは，溶解はしにくいが，溶解したものの多くは電離している。

□**2.** 10.00 g のヘキサン C_6H_{14} と同じ質量のヘプタン C_7H_{16} を混合し，20℃で放置したところ気液平衡に達した。溶液は理想溶液とみなすことができるものとして，この溶液の蒸気圧（全圧）を計算せよ。また，それぞれの気相中でのモル分率を求めよ。蒸気は理想気体とみなせるとし，20℃でのヘキサンの蒸気圧を 17 kPa，ヘプタンの蒸気圧を 4.6 kPa とする。なお，気相中の物質量は，液相中の物質量に比べて十分少量であるとしてよい。

【解】　気相中の物質量を無視すると，溶液中の物質量は，$n_{\text{hexane}} = 10.00/86.0$ mol，$n_{\text{heptane}} = 10.00/100.0$ mol。それぞれの溶液中のモル分率は

$$x_{\text{hexane}}(\text{l}) = \frac{10.00/86.0}{(10.00/86.0) + (10.00/100.0)} = 0.5376,$$

$$x_{\text{heptane}}(\text{l}) = \frac{10.00/100.0}{(10.00/86.0) + (10.00/100.0)} = 0.4624$$

ラウールの法則から，それぞれの気相中での分圧は

$$P_{\text{hexane}} = 17 \times 0.5376 = 9.139 \text{ kPa}, \quad P_{\text{heptane}} = 4.6 \times 0.4624 = 2.127 \text{ kPa}$$

全圧は両者の和で 11.266 = <u>11.3 kPa</u>

　気相中でのモル分率は，分圧の全圧に対する比で与えられるので

$$x_{\text{hexane}}(\text{g}) = \frac{9.139}{11.266} = \underline{0.81}, \quad x_{\text{heptane}}(\text{g}) = \frac{2.127}{11.266} = \underline{0.19}$$

❏**3.** 9.0 g の硫酸銅(II)五水和物 $CuSO_4 \cdot 5H_2O$ を 100 g の水に溶かす。この溶液の質量モル濃度および 900 g の水をさらに加えた場合の凝固点降下を求めよ。水のモル凝固点降下定数を 1.86 K kg mol^{-1} とし，$CuSO_4$ は完全に電離するとする。

【解】　$CuSO_4$ のモル質量は 159.6 g mol^{-1} であるから，五水和物 9.0 g 中に $CuSO_4$ は $9.0/(159.6 + 90.0)$ mol 含まれ，また，水は $9.0 \times 90.0/(159.6 + 90.0)$ g 含まれている。よって質量モル濃度は

$$\frac{9.0/249.6}{100 + 9.0 \times 90.0/249.6} \times 1000 = \underline{0.35 \text{ mol kg}^{-1}}$$

　さらに，900 g の水を加えた溶液の質量モル濃度は

$$\frac{9.0/249.6}{(100 + 9.0 \times 90.0/249.6) + 900} \times 1000 = 0.03594 \text{ mol kg}^{-1}$$

　$CuSO_4$ は完全に電離することから，イオン濃度は $CuSO_4$ 濃度の 2 倍となり，凝固点降下は

$$0.03594 \times 2 \times 1.86 = \underline{0.13 \text{ K}}$$

❏**4.** 希硫酸は以下の二段階で電離する。

$$H_2SO_4 \rightarrow H^+ + HSO_4^-$$

$$HSO_4^- \leftrightharpoons H^+ + SO_4^{2-}$$

質量モル濃度 0.050 mol kg^{-1} の希硫酸の第一段階の電離度を 1.00，第二段階の電離度を 0.30 として，凝固点を求めよ。水のモル凝固点降下定数を 1.86 K kg mol^{-1} とする。

【解】　電離過程まで加味した溶質の質量モル濃度は，第一段階で生成する H^+ と HSO_4^- $0.050 \times (1.00 + 1.00 \times 0.70)$ mol kg^{-1} と第二段階で生成する H^+ と SO_4^{2-} $0.050 \times (1.00 \times 0.30 + 1.00 \times 0.30)$ の和で，0.115 mol kg^{-1} となる。よって，凝固点降下は $1.86 \times 0.115 = 0.2139$ K で，凝固点は <u>−0.21 ℃</u>。（272.94 K）

❏**5.** ブドウ糖 $C_6H_{12}O_6$ を溶かした 25 ℃ の水溶液の浸透圧が 3.00×10^2 Pa であった。質量モル濃度，質量百分率濃度(パーセント%)，質量千分率濃度(パーミル‰)，質量百万分率濃度(ppm)および質量十億分率濃度(ppb)を求めよ。水の密度は 1.00 g cm^{-3} とし，ブドウ糖を溶かしたことによる体積変化はないものとする。

【解】　ファントホッフの式 $\Pi = C_B RT$ を用いてモル濃度 C_B を計算する。

$$C_B = \frac{3.00 \times 10^2}{8.3145 \times 298.15} = 0.12102 \text{ mol m}^{-3} = 1.2102 \times 10^{-4} \text{ mol dm}^{-3}$$

単位体積(1.00 dm^3)の溶液を考えると，溶媒(水)の質量は 1.00 kg であるので質量モル濃度は <u>1.21×10^{-4} mol kg^{-1}</u>。

ブドウ糖 1.2102×10^{-4} mol は 0.021784 g であるので

$$質量百分率濃度 = \frac{0.021784}{0.021784 + 1000} \times 100 = \underline{0.00218\%}$$

$$質量千分率濃度 = \underline{0.0218‰}$$

$$質量百万分率濃度 = \underline{21.8\text{ppm}}$$

$$質量十億分率濃度 = \underline{2.18 \times 10^4 \text{ppb}}$$

応 用 問 題

❏**6.** 25 ℃，1.01×10^5 Pa のもとで，塩化水素は水 1.00 dm^3 に 467 dm^3 まで溶ける。飽和状態での質量モル濃度，モル濃度，質量百分率濃度およびモル分率を求めよ。塩化水素は理想気体とし，水と飽和状態の塩酸の密度をそれぞれ 1.00 g cm^{-3}，1.20 g cm^{-3} とする。

【解】　25 ℃，1.01×10^5 Pa で塩化水素 467 dm^3 は 19.027 mol (694.48 g)に相当する。よって，質量モル濃度は <u>19.0 mol kg^{-1}</u>。

1.00 dm^3 の水に飽和状態まで塩化水素を溶かした溶液の質量は 1.6945 kg であり，その体積は 1.4121 dm^3 である。よって，モル濃度は 19.027/1.4121 = <u>13.5 mol dm^{-3}</u>

溶質の質量が 694.48 g，溶液の質量が 1.6945 kg であるので，質量百分率濃度は $(694.48/1.6945 \times 10^3) \times 100 = \underline{41.0\%}$

水 1.00 dm^3 (1.00 kg)は，55.556 mol に相当するので，モル分率は 19.027/(19.027 + 55.556) = <u>0.255</u>

❏**7.** 水とメタノールの 0 ℃ における蒸気圧をそれぞれ 0.611 kPa と 3.87 kPa とし，蒸発エンタルピーをそれぞれ 45.0 kJ mol^{-1}，39.6 kJ mol^{-1} とする。20 ℃ で水のモル分率が 0.75 である水とメタノールの混合溶液と平衡にある蒸気中の水のモル分率を求めよ。混合溶液は理想溶液とみなしてよく，蒸気は理想気体としてよい。

【解】　クラウジウス-クラペイロンの式(積分形)から，20 ℃ での純粋な水とメタノールの蒸気圧を求める。

$$\ln \frac{P_{\text{water}}}{0.611} = \frac{45.0 \times 10^3}{8.3145} \left(\frac{1}{273.15} - \frac{1}{293.15} \right), \qquad \ln \frac{P_{\text{methanol}}}{3.87} = \frac{39.6 \times 10^3}{8.3145} \left(\frac{1}{273.15} - \frac{1}{293.15} \right)$$

よって，$P_{\text{water}} = 2.361 \text{ kPa}$，$P_{\text{methanol}} = 12.72 \text{ kPa}$

ラウールの法則より，混合溶液と平衡にある蒸気中の水のモル分率は

$$\frac{2.361 \times 0.75}{2.361 \times 0.75 + 12.72 \times 0.25} = \underline{0.36}$$

❑**8.** ラウールの法則が成立する理想溶液において，溶媒Aの温度Tにおける化学ポテンシャルμ_A が $\mu_A = \mu_A{}^* + RT \ln x_A$ で与えられることを示せ。$\mu_A{}^*$ は純溶媒Aの化学ポテンシャル，x_A はAのモル分率である。

【解】 純粋なAが液相と気相で平衡となっている場合，液相の化学ポテンシャル$\mu_A{}^*$は気相の化学ポテンシャルに等しい。

$$\mu_A{}^* = \mu_A{}^{\circ}(P^{\circ}) + RT \ln \frac{P_A{}^*}{P^{\circ}}$$

ここで，$\mu_A{}^{\circ}(P^{\circ})$ は，圧力P°における気体Aの化学ポテンシャル，$P_A{}^*$ は純粋なAの蒸気圧である。また，溶液においても平衡時には溶媒Aの化学ポテンシャルμ_Aと気相の化学ポテンシャルは等しい。この場合のAの蒸気圧を $P_A = P_A{}^* x_A$ として

$$\mu_A = \mu_A{}^{\circ}(P^{\circ}) + RT \ln \frac{P_A}{P^{\circ}} = \mu_A{}^{\circ}(P^{\circ}) + RT \ln \frac{P_A{}^* x_A}{P^{\circ}}$$

$$= \mu_A{}^{\circ}(P^{\circ}) + RT \ln \frac{P_A{}^*}{P^{\circ}} + RT \ln x_A = \mu_A{}^* + RT \ln x_A$$

❑**9.** 塩の溶液では，陽イオンと陰イオンのクーロン相互作用のため，イオンが独立した粒子として振る舞うことができず，みかけのイオンの濃度が小さくなり，電離度が1より小さいように観測されることがある。質量モル濃度 1.0 mol kg^{-1} の塩化ナトリウム水溶液の凝固点は -3.5 ℃である。この凝固点から，みかけの電離度を計算せよ。水のモル凝固点降下定数を 1.86 K kg mol^{-1} とする。

【解】 塩化ナトリウムのみかけの電離度をαとすると Na$^+$ と Cl$^-$ の質量モル濃度が $1.0 \times \alpha \text{ mol kg}^{-1}$，電離せずに残る NaCl の濃度が $1.0 \times (1 - \alpha) \text{ mol kg}^{-1}$，全体の濃度は $1.0 \times (1 + \alpha) \text{ mol kg}^{-1}$ である。$1.86 \times 1.0 \times (1 + \alpha) = 3.5$ より，みかけの電離度は$\underline{0.88}$。

❑**10.** 生理食塩水は，溶液 100 cm^3 中に 0.90 g の食塩を含む。NaCl のみかけの電離度（前問参照）を 0.9 として，27℃における浸透圧を求めよ。

【解】 NaCl のモル質量は 58.5 g mol^{-1} であるから，溶液 100 cm^3 中に $0.90/58.5 = 1.538 \times 10^{-2}$ mol の NaCl が含まれることになり，モル濃度は $1.538 \times 10^2 \text{ mol m}^{-3}$ となる。NaCl の電離まで考えると，イオン全体でモル濃度は $1.538 \times 10^2 \times 1.9 \text{ mol m}^{-3}$ となる。ファントホッフの式から

$$\Pi = C_B RT = 1.538 \times 10^2 \times 1.9 \times 8.314 \times 300.2 = \underline{7.3 \times 10^5}\ \text{Pa}$$

▶注：生理食塩水は血液と等張になるように調製されている。低張であると血球が破裂し，高張であると収縮する。

❏**11.** 50.0 g のベンゼンに 0.70 g の安息香酸 C_6H_5COOH を溶かした溶液の凝固点を測定したところ，純粋なベンゼンと比べて 0.30 K 低かった。この結果から，どのような結論が導かれるか。ベンゼンのモル凝固点降下定数を 5.125 K kg mol^{-1} とする。

【解】 安息香酸のモル質量は 122.0 g mol^{-1} であるから，質量モル濃度は 0.1148 mol kg^{-1} であり，この値とモル凝固点降下定数の積から予想される凝固点降下は 0.59 K である。これは実測値 0.30 K よりも大きく，安息香酸の電離では説明できない。

一方，これは，水素結合による二量体の形成で説明できる。二量体が形成される割合を x とすると，みかけのモル質量は $244.0x + 122.0(1-x)$ g mol^{-1} となり，みかけの質量モル濃度は

$$\frac{1000}{50} \times \frac{0.70}{244.0x + 122.0 \times (1-x)}\ \text{mol kg}^{-1}$$

となる。これとモル凝固点降下定数 5.125 K kg mol^{-1} の積が 0.30 K であることから $x = 0.96$ となり，96 % が二量体を形成していることになる。

▶注：安息香酸は弱電解質であり，電離の影響は無視できる。二量体が形成される理由は，二量体となることで非極性化し，無極性溶媒であるベンゼンに溶けやすくなるからである。

❏**12.** グルコース $C_6H_{12}O_6$ とスクロース $C_{12}H_{22}O_{11}$ をあわせて 1.50 g 溶かした 25 ℃ の水溶液の浸透圧を測定したところ 1.80×10^4 Pa であった。溶けているグルコースの質量を求めよ。溶液の体積を 1.000 dm^3 とする。

【解】 溶けているグルコースの質量を x とする。スクロースの質量は 1.50 g $- x$ となる。グルコースとスクロースのモル質量はそれぞれ 180.0，342.0 g mol^{-1} であるから，ファントホッフの式 $\Pi V = nRT$ から

$$1.80 \times 10^4 \times 1.000 \times 10^{-3} = \left(\frac{x}{180.0} + \frac{1.50 - x}{342.0}\right) \times 8.3145 \times 298.15$$

これより，$x = \underline{1.09}$ g

❏**13.** 断面積 2.0 cm^2 の U 字管に糖を通さない半透膜を取り付け，その左側に純水を，右側に糖を 2.4 g 含む水溶液をそれぞれ 100 cm^3 入れた。両端を大気に開放して放置したところ，最初はなかった液面差 h が 20.0 cm まで拡大した。重力加速度 g を 9.8 m s^{-2}，温度を 300 K，水溶液の密度 ρ は濃度によらず 1.00 g cm^{-3} として，次の問いに答えよ。

　(a) 液面差が生じた後の糖の水溶液の浸透圧を求めよ。

　(b) 糖の分子量を求めよ。

【解】 (a) $\Pi = \rho g h = 1.00 \times 10^3 \times 9.8 \times 0.200 = 1.960 \times 10^3 = \underline{2.0 \times 10^3}$ Pa

　(b) もともとの液柱の長さがそれぞれ 50 cm であったが，差が 20.0 cm ついたことから溶液側の液柱の長さは 60 cm となっている。すなわち，溶液側の体積は 1.2×10^2 cm^3 と考えられる。ファントホッフの式 $\Pi = C_B RT$ からモル濃度 C_B は $1.960 \times 10^3 /(8.314 \times 300) = 0.7858$ mol m^{-3} と計算される。水 1.2×10^2 cm^3 中に溶けている溶質の物質量は $0.7858 \times 1.2 \times 10^{-4} = 9.4296 \times 10^{-5}$ mol となり，これが 2.4 g に等しいことからモル質量は $2.4 / 9.4296 \times 10^{-5} = 2.545 \times 10^4$ g mol^{-1} となる。よって，分子量は $\underline{2.5 \times 10^4}$。

□**14.** 浸透圧による濃度測定ではモル濃度が使われるのに対して，一般に，沸点上昇や凝固点降下では質量モル濃度が使われる。その理由を答えよ。

【解】 溶液の体積は温度に依存するため，温度が変化する沸点上昇や凝固点降下の測定では，モル濃度は一定値とならず使えない。そこで，温度に依存しない質量モル濃度が使われる。一方，浸透圧の測定は温度一定の条件で行われ，かつ，溶液の体積は圧力にほとんど依存しない。そこで，濃度の定量や溶液調製が容易なモル濃度が使われる。

発 展 問 題

□**15.** 飽和食塩水にエタノールを加えると食塩が析出する。この理由を説明せよ。

【解】 食塩水中では，NaCl の電離によって生成した Na$^+$ イオンと Cl$^-$ イオンが水分子によって水和された状態で安定化している。一方，エタノールによる溶媒和の効果は小さく，NaCl はエタノールにほとんど溶けない。食塩水にエタノール分子が加わると，水分子はエタノール分子とより強く結合するため，Na$^+$ イオンと Cl$^-$ イオンは水和による安定化が起こりにくくなり，結晶として析出する。

□**16.** ヘンリーの法則とラウールの法則について解説し，両者の共通点および相違点について述べよ。

【解】 ヘンリーの法則は，通常，溶解度の低い気体が液体に溶解する際に使われ，「液体に溶解する気体の物質量は，その液体にかかる気体の分圧に比例する」のように記述される。一方，ラウールの法則は，多くは二成分系の混合溶液について「気液平衡にある混合溶液において，気相中の各成分の蒸気圧は，その成分が純粋な状態にある

ときの蒸気圧と混合溶液中のモル分率の積で与えられる」と表現される。

　両者はまったく別物のようにみえるが,「気相中での分圧と液相中でのモル分率が
比例する」という点において共通している。ヘンリーの法則は蒸気圧を有するもので
あれば必ずしも溶質を標準状態で気体であるものに限定しない。異なる点は,ラウー
ルの法則は希薄溶液の溶媒の蒸気圧に対して良い近似となるのに対して,ヘンリーの
法則は希薄溶液の溶質の蒸気圧に対して良い近似となる点である。

❏ 17. 298 K, 1.01×10^5 Pa のもとで,窒素は水 1.00 dm^3 に 16 cm^3 まで溶ける。
飽和状態でのモル濃度とモル分率を求めよ。また,ヘンリーの法則に従うとすれ
ば,2.0×10^5 Pa の空気(窒素のモル分率 0.78)存在下での飽和モル濃度はいくらに
なるか。窒素は理想気体とし,窒素が溶けたことによる水の体積変化は無視してよ
い。水の密度は 1.00 g cm^{-3} とする。

【解】　16 cm^3 の窒素は

$$\frac{1.01 \times 10^5 \times 16 \times 10^{-6}}{8.314 \times 298} = 6.523 \times 10^{-4} \text{ mol}$$

に相当するので,モル濃度は $\underline{6.5 \times 10^{-4} \text{ mol dm}^{-3}}$。

　水 1.00 dm^3 (1.00 kg)は,55.56 mol に相当するので,モル分率は,

$$\frac{6.523 \times 10^{-4}}{6.523 \times 10^{-4} + 55.56} = \underline{1.2 \times 10^{-5}}$$

　飽和モル濃度は圧力に比例するとして,窒素分圧が $2.0 \times 10^5 \times 0.78 = 1.56 \times 10^5$ Pa
のもとでの飽和モル濃度は

$$\frac{6.523 \times 10^{-4} \times 1.56 \times 10^5}{1.01 \times 10^5} = \underline{1.0 \times 10^{-3} \text{ mol dm}^{-3}}$$

❏ 18. 不揮発性の溶質を含む二成分系溶液における沸点上昇が,$RT_0^2 x_{\text{B}}/\Delta_{\text{V}} H$ (T_0
は純溶媒の沸点,x_{B} は溶質のモル分率,$\Delta_{\text{V}} H$ は溶媒単位物質量あたりの蒸発エン
タルピー)で与えられることを示せ。また,水の蒸発エンタルピーを 40.6 kJ mol^{-1}
として,この値から計算される水のモル沸点上昇定数が実測値(0.52 K kg mol^{-1})に
ほぼ一致することを確認せよ。

【解】　溶媒成分の気相中での化学ポテンシャルを $\mu_{\text{gas}}{}^*$,純溶媒の化学ポテンシャルを
μ^*,溶液中の溶媒成分の化学ポテンシャルを μ,溶液の沸点を T,溶媒のモル分率を
$x_{\text{A}} = 1 - x_{\text{B}}$ とする。純溶媒について,液相中と気相中の化学ポテンシャルが沸点にお
いて等しいとして

$$\mu^*(T_0) = \mu_{\text{gas}}{}^*(T_0) \tag{1}$$

溶液の場合,液相中と気相中の溶媒成分の化学ポテンシャルが沸点において等しいと
して

$$\mu(T) = \mu^*(T) + RT \ln x_{\text{A}} = \mu_{\text{gas}}{}^*(T) \tag{2}$$

が成立する(問8参照)。ここで，気相中に溶質成分は存在しないとしている。(1)式を使って，(2)式は次のように変形できる。

$$-RT \ln x_A = \mu^*(T) - \mu_{gas}^*(T)$$
$$= \mu^*(T) - \mu^*(T_0) - \mu_{gas}^*(T) + \mu_{gas}^*(T_0) \tag{3}$$

圧力と物質量を固定した純物質系では

$$n\, d\mu = dG = V\, dP - S\, dT + \mu\, dn = -S\, dT \tag{4}$$

であるから $\Delta T = T - T_0 \ll T_0$ として

$$\mu^*(T) - \mu^*(T_0) = \frac{-S(T_0)\Delta T}{n} \tag{5}$$

$$-\mu_{gas}^*(T) + \mu_{gas}^*(T_0) = \frac{S_{gas}(T_0)\Delta T}{n} \tag{6}$$

(5)式と(6)式を(3)式に代入し，さらに等温定圧過程では $T\Delta S = \Delta H$ であることを考慮して

$$-RT \ln x_A = \left\{ -\frac{S(T_0)}{n} + \frac{S_{gas}(T_0)}{n} \right\}\Delta T = \frac{\Delta_V H \Delta T}{T_0} \tag{7}$$

ここで，近似式 $\ln x_A = \ln(1 - x_B) \approx -x_B$ を用いると，$T \approx T_0$ として

$$\Delta T \approx \frac{RT_0^2 x_B}{\Delta_V H} \tag{8}$$

よって，沸点上昇は $RT_0^2 x_B / \Delta_V H$ で与えられることがわかる。

希薄溶液なら，単位質量(1 kg)の水は 55.556 mol であるので，モル分率 x_B と質量モル濃度 m_B の間には，次の関係がある。

$$x_B = \frac{m_B \times 1}{m_B \times 1 + 55.556} \approx \frac{m_B}{55.556}$$

よって，水のモル沸点上昇定数は

$$K_b = \frac{RT_0^2 / \Delta_V H}{55.556} = \frac{8.3145 \times 373.15^2}{4.06 \times 10^4 \times 55.556} = 0.513 \text{ K kg mol}^{-1}$$

となり，この値は実測値(0.52 K kg mol^{-1})にほぼ一致する。

□**19.** 等温定圧条件下で，物質Aを微少量 dn_A だけ加えたとき，体積が $V_A dn_A$ だけ増加するとする。この V_A をAの部分モル体積とよぶ。一般に，部分モル体積は，純粋な物質の単位物質量(1 mol)あたりの体積(モル体積)とは異なる。たとえば，25 ℃において単位物質量の水(18.1 cm^3)とエタノール(58.7 cm^3)を混合しても単純な和である 76.8 cm^3 にはならない。これは，水分子がエタノール分子間の隙間に入り込むためである。図は水とエタノールの部分モル体積をエタノールのモル分率の関数として表したものである。この図をもとに，1.00 mol の水と 1.00 mol のエタノールを混合した場合，および 1.60 mol の水と 0.400 mol のエタノールを混合した場合の混合溶液の体積と体積の減少割合を計算せよ。

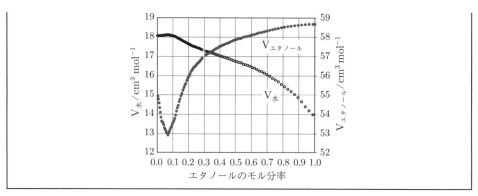

【解】　1.00 mol の水と 1.00 mol のエタノールを混合した場合，エタノールのモル分率は 0.500 であるので，図から水の部分モル体積が 16.7 cm^3 mol^{-1}，エタノールの部分モル体積が 57.9 cm^3 mol^{-1} であることがわかり，混合後の体積は <u>74.6 cm^3</u> となる。これと単純な和 (76.8 cm^3) との差は，76.8 − 74.6 = 2.2 cm^3 であり，減少割合は，2.2/76.8 = <u>0.029</u> となる。

　　1.60 mol の水と 0.400 mol のエタノールを混合した場合は，17.7×1.60 + 55.9×0.400 = 50.68 = <u>50.7 cm^3</u> となる。単純な和は 52.44 cm^3 であって，この場合の体積の減少割合は (52.44 − 50.68)/52.44 = <u>0.034</u> である。

復 習 問 題

1. 水とメタノールの混合物を 50 ℃ まで加熱した。50 ℃ におけるメタノールの蒸気圧は 57.6 kPa であり，水の蒸気圧 12.3 kPa よりも高い。このことから，発生する蒸気の成分は必ずメタノールが多いと言ってよいか。

2. ベンゼンとトルエンの 20 ℃ における蒸気圧は，それぞれ 10.4 kPa と 2.8 kPa である。この温度における混合溶液の蒸気圧が 9.5 kPa であった。液相中および，この溶液と平衡状態にある蒸気中のベンゼンのモル分率を求めよ。溶液は理想溶液，蒸気は理想気体とみなしてよい。

3. 次の (a) から (c) を標準大気圧下での沸点が高い順に並べよ。また，理由も述べよ。
(a) 純粋な水
(b) 1.0 kg の水に 3.0 g の NaCl を溶かした水溶液 (NaCl の電離度は 1.0 とする)
(c) 500 g の水に 5.0 g のブドウ糖 $C_6H_{12}O_6$ を溶かした水溶液

4. 分子量 $1.02×10^4$ の化合物 1.2 g を 1.1 kg のベンゼンに溶かした。ベンゼンの密度を 0.88 g cm^{-3} として，25 ℃ での浸透圧を求めよ。溶質を溶かしたことによる体積変化はないものとする。

5. ある有機化合物 A の元素分析を行ったところ，C, H, O の物質量比が 4:6:1 であった。この化合物 A (0.0420 g) を溶媒 B (1.25 g) に溶かしたところ，1.34 ℃ の凝固点降下が観測された。化合物 A のモル質量と分子式を求めよ。溶媒 B のモル凝固点降下定数 K_f を 8.37 K kg mol^{-1} とし，化合物 A は電離や二量体形成はしないものとする。

13 溶液内の化学反応

第13章では，そもそも酸とは，塩基とは，という問題を振り返るところからはじめる。我々は，原子番号8の元素を「酸素」とよんでいる。しかし，これはおかしい。なぜなら，「酸の素(酸性の原因物質)」は「水素イオン(オキソニウムイオン)」であり，「酸素」ではないからである。「酸素」というネーミングは，先人の誤解に基づくものらしい。

重要公式

・pH の定義　　　$pH = -\log_{10}([H^+]/M)$　　　$(M = mol\,dm^{-3})$
・pK_a, pK_b の定義(K_a, K_b は酸解離定数と塩基解離定数)
　　　　　　　　$pK_a = -\log_{10}K_a$,　　　$pK_b = -\log_{10}K_b$
・水のイオン積　　$K_w = [H^+][OH^-]/M^2 = 1.01 \times 10^{-14}$　　$(25\,℃)$

基 本 問 題

□**1.** ブレンステッドの定義に従うと水は酸であり，かつ塩基でもある。これについて説明せよ。

【解】　ブレンステッドの定義では，プロトンを与える物質を酸，プロトンを受け取る物質を塩基とする。水の解離反応 $H_2O \rightarrow H^+ + OH^-$ では，H_2O はプロトンを与えているから酸である。一方，オキソニウムイオンの生成反応 $H^+ + H_2O \rightarrow H_3O^+$ では，H_2O はプロトンを受け取っているから塩基である。

□**2.** 次の(a)から(d)の反応において，ブレンステッドの定義に従うと酸となるものはどれか。

　(a)　$CH_3COOH + OH^- \rightarrow CH_3COO^- + H_2O$

　(b)　$HSO_3^- + H_2O \rightarrow SO_3^{2-} + H_3O^+$

　(c)　$Na_2CO_3 + HCl \rightarrow NaCl + NaHCO_3$

　(d)　$CO_3^{2-} + H_2O \rightarrow HCO_3^- + OH^-$

【解】　(a) CH_3COOH,　(b) HSO_3^-,　(c) HCl,　(d) H_2O

❏**3.** 弱塩基 Y の希薄水溶液中では，$Y + H_2O \rightleftharpoons YH^+ + OH^-$ のような平衡が成り立つ。Y のモル濃度(単位 M)を C として，塩基解離定数 K_b を電離度 $\alpha(= [YH^+] /([Y] + [YH^+]))$ を用いて表せ。また，α が非常に小さい場合，水溶液の pH を近似的に表す式を導け。水のイオン積を K_w とし，水自身の電離によって生成する H^+ (OH^-)は無視できるとする。

【解】 塩基解離定数は，次式で与えられる。

$$K_b = \frac{[YH^+][OH^-]}{[Y]} = \frac{(C\alpha)^2}{C(1-\alpha)} = \frac{C\alpha^2}{1-\alpha}$$

α が非常に小さい場合は

$$K_b = \frac{C\alpha^2}{1-\alpha} \approx C\alpha^2$$

と近似できる。よって，

$$pH = -\log_{10}([H^+]/M) = -\log_{10}\frac{K_w}{[OH^-]/M} = -\log_{10}\frac{K_w}{C\alpha} \approx -\log_{10}\frac{K_w}{\sqrt{CK_b}}$$

❏**4.** 酢酸は，水溶液中で次のように電離し，平衡状態となる。

$$CH_3COOH \rightleftharpoons CH_3COO^- + H^+$$

モル濃度 C が 0.10 mol dm^{-3} (0.10 M)である酢酸の電離度 α を 1.35×10^{-2} として，この酢酸水溶液の酸解離定数 K_a，pK_a および pH を求めよ。

【解】 酸解離定数 K_a は，次式で与えられる。

$$K_a = \frac{[CH_3COO^-][H^+]}{[CH_3COOH]} = \frac{(C\alpha)^2}{C(1-\alpha)} = 1.847 \times 10^{-5} = \underline{1.8 \times 10^{-5}}$$

$$pK_a = -\log_{10}K_a = 5(整数) - \log_{10}(1.847) = \underline{4.73}$$

$$pH = -\log_{10}([H^+]/M) = -\log_{10}(C\alpha) = 3(整数) - \log_{10}(1.35) = \underline{2.87}$$

❏**5.** アンモニアは，水溶液中で次のように電離し，平衡状態となる。

$$NH_3 + H_2O \rightleftharpoons NH_4^+ + OH^-$$

モル濃度 C が $0.010 \text{ mol dm}^{-3}$ (0.010 M)であるアンモニアの電離度 α ($= [NH_4^+] /([NH_3] + [NH_4^+]))$と pH を求めよ。塩基解離定数 K_b を 1.8×10^{-5}，水のイオン積 K_w を 1.0×10^{-14} とする。

【解】 塩基解離定数 K_b は次のように与えられる。

$$K_b = 1.8 \times 10^{-5} = \frac{[NH_4^+][OH^-]}{[NH_3]} = \frac{(C\alpha)^2}{C(1-\alpha)} = \frac{0.010\alpha^2}{1-\alpha}$$

よって，$\alpha = 4.154 \times 10^{-2} = \underline{4.2 \times 10^{-2}}$

$[OH^-] = C\alpha = 4.154 \times 10^{-4}$ M より

$$[\mathrm{H^+}] = \frac{K_\mathrm{w}}{[\mathrm{OH^-}]} = \frac{1.0 \times 10^{-14}}{4.154 \times 10^{-4}} = 2.407 \times 10^{-11}\ \mathrm{M}$$

したがって，

$$\mathrm{pH} = -\log_{10}([\mathrm{H^+}]/\mathrm{M}) = -\log_{10}(2.407 \times 10^{-11}) = \underline{10.62}$$

❏**6.** モル濃度 0.10 M の酢酸水溶液と 0.10 M の水酸化ナトリウム水溶液を同じ体積割合で混合した。pH はいくらになるか。酢酸の酸解離定数 K_a を 1.8×10^{-5} とし，水のイオン積 K_w を 1.0×10^{-14} とする。また，水酸化ナトリウムの電離度は 1.0 とし，混合により溶液の体積は，ちょうど 2 倍になるものとする。

【解】 $\mathrm{CH_3COO^-}$ と酢酸の間には次の平衡が成り立つ

$$\mathrm{CH_3COO^-} + \mathrm{H_2O} \rightleftharpoons \mathrm{CH_3COOH} + \mathrm{OH^-}$$

この反応の平衡定数を K_h とし，平衡時の酢酸の濃度を x M とする。酢酸は弱電解質であり，水酸化ナトリウムの電離度は 1.0 であるので，$\mathrm{OH^-}$ と酢酸の濃度は等しいとおける。また，平衡が完全に左に偏ったときの $\mathrm{CH_3COO^-}$ の濃度は 0.050 M である。

$$K_\mathrm{h} = \frac{[\mathrm{CH_3COOH}][\mathrm{OH^-}]}{[\mathrm{CH_3COO^-}]} = \frac{x^2}{0.050 - x} \tag{1}$$

一方，

$$K_\mathrm{a} = \frac{[\mathrm{CH_3COO^-}][\mathrm{H^+}]}{[\mathrm{CH_3COOH}]} = 1.8 \times 10^{-5}, \quad K_\mathrm{w} = [\mathrm{H^+}][\mathrm{OH^-}] = 1.0 \times 10^{-14}$$

であるから

$$K_\mathrm{h} = \frac{K_\mathrm{w}}{K_\mathrm{a}} = 5.556 \times 10^{-10}$$

これを(1)式に代入して

$$x^2 + 5.556 \times 10^{-10}x - 2.778 \times 10^{-11} = 0$$
$$x = 5.270 \times 10^{-6}$$

したがって，

$$[\mathrm{OH^-}] = 5.270 \times 10^{-6}\ \mathrm{M}$$
$$[\mathrm{H^+}] = \frac{1.0 \times 10^{-14}}{[\mathrm{OH^-}]} = 1.898 \times 10^{-9}\ \mathrm{M}$$
$$\mathrm{pH} = -\log_{10}([\mathrm{H^+}]/\mathrm{M}) = -\log_{10}(1.898 \times 10^{-9}) = \underline{8.72}$$

❏**7.** モル濃度 0.010 M の酢酸水溶液 1.000 $\mathrm{dm^3}$ に 1.64 g の酢酸ナトリウムを加えたところ，完全に溶解し平衡状態となった。pH はいくらになるか。酢酸の酸解離定数を 1.8×10^{-5} とし，酢酸ナトリウムを添加したことによる体積変化は無視できるとする。酢酸ナトリウムの電離度は 1.0 とする。

【解】 酢酸ナトリウムのモル質量は 82.0 $\mathrm{g\ mol^{-1}}$ であるから 1.64 g は 0.0200 mol に相当する。酸解離定数が小さいことから酢酸の電離による $\mathrm{CH_3COO^-}$ の生成は無視できる。酢酸ナトリウムの電離度を 1.0 として，平衡状態では次の関係式が満たされる。

$$K_a = 1.8 \times 10^{-5} = \frac{[CH_3COO^-][H^+]}{[CH_3COOH]} = \frac{0.0200 \times [H^+]}{0.010}$$

よって

$$[H^+] = 9.0 \times 10^{-6} \text{ M}$$

$$pH = -\log_{10}([H^+]/M) = -\log_{10}(9.0 \times 10^{-6}) = \underline{5.05}$$

❏**8.** AgCl, AgI の溶解度積は，それぞれ 1.8×10^{-10}，8.5×10^{-17} である。Ag^+，Cl^-，I^- イオンが共存する飽和水溶液における，各イオンのモル濃度を求めよ。

【解】 水溶液中の Ag^+ 濃度は，溶解度積が大きい AgCl に由来するイオンで決まると考えられる。$[Ag^+][Cl^-] = 1.8 \times 10^{-10} \text{ M}^2$ であるから

$$[Ag^+] = [Cl^-] = (1.8 \times 10^{-10})^{1/2} = 1.342 \times 10^{-5} = \underline{1.3 \times 10^{-5}} \text{ M}$$

また，$[Ag^+]$ は，AgI の溶解度積にも共通するので

$$[I^-] = \frac{8.5 \times 10^{-17}}{1.342 \times 10^{-5}} = \underline{6.3 \times 10^{-12}} \text{ M}$$

❏**9.** 硫酸酸性でヨウ化カリウムと過マンガン酸カリウムが反応すると，ヨウ素とマンガンイオンが生成する。次の問いに答えよ。

(a) 過マンガン酸イオンの関与する半反応式(還元半反応式)を記せ。

(b) ヨウ化物イオンの関与する半反応式(酸化半反応式)を記せ。

(c) ヨウ化カリウムと過マンガン酸カリウムの酸化還元反応式を記せ。

(d) この反応で酸化剤と還元剤は何か。酸化数が変化する元素とその変化も記せ。

【解】 (a) $MnO_4^- + 8H^+ + 5e^- \rightarrow Mn^{2+} + 4H_2O$

(b) $2I^- \rightarrow I_2 + 2e^-$

(c) $2MnO_4^- + 10I^- + 16H^+ \rightarrow 2Mn^{2+} + 8H_2O + 5I_2$

または $2KMnO_4 + 10KI + 8H_2SO_4 \rightarrow 2MnSO_4 + 8H_2O + 5I_2 + 6K_2SO_4$

(d) 酸化剤：過マンガン酸イオン(過マンガン酸カリウム)，Mn の酸化数が +7 から +2 へ

還元剤：ヨウ化物イオン(ヨウ化カリウム)，I の酸化数が −1 から 0 へ

❏**10.** 0.10 M の H_2SO_4 水溶液中での電気分解における陰極と陽極で生じる反応を示し，10 mA で 100 分間電気分解した際に，それぞれの電極で生じる気体の 25 ℃，1.013×10^5 Pa での体積を求めよ。気体はすべて理想気体の状態方程式を満たすとする。

【解】 陰極： $\underline{2H^+ + 2e^- \rightarrow H_2}$，

陽極： $\underline{H_2O \rightarrow \frac{1}{2}O_2 + 2H^+ + 2e^-}$

通電量は $10 \times 10^{-3} \times 100 \times 60 = 60$ C であり，流れた電子の量は，これをファラデー定数で割り $60/9.649 \times 10^4 = 6.218 \times 10^{-4}$ mol となる。半反応式から，発生した水素と酸素の物質量は，それぞれ $6.218 \times 10^{-4}/2$ mol，$6.218 \times 10^{-4}/4$ mol と計算される。

理想気体の状態方程式より，発生する気体の体積は

$$V_{H_2} = \frac{n_{H_2}RT}{P} = \frac{(6.218 \times 10^{-4}/2) \times 8.314 \times 298.2}{1.013 \times 10^5} = \underline{7.6 \times 10^{-6}\ \text{m}^3}$$

$$V_{O_2} = \frac{n_{O_2}RT}{P} = \frac{(6.218 \times 10^{-4}/4) \times 8.314 \times 298.2}{1.013 \times 10^5} = \underline{3.8 \times 10^{-6}\ \text{m}^3}$$

❏**11.** 標準銅電極(Cu と 1 M の Cu^{2+})および標準亜鉛電極(Zn と 1 M の Zn^{2+})で構成される電池の起電力が 1.10 V であった。

(a) この電池の電池式を記せ。

(b) この電池で起こっている酸化還元反応式を記せ。

(c) Cu の標準電極電位が 0.34 V であるとして，Zn の標準電極電位を求めよ。

(d) Ag, Ni, Al の標準電極がある。できるだけ高い起電力を得るためには，上記の Cu と Zn のいずれ(または両方)を交換するべきか。また，そのときの起電力はいくらか。標準電極電位は次のとおりである。Ag (0.80 V)，Ni (-0.26 V)，Al (-1.68 V)

【解】 (a) $Zn \,|\, Zn^{2+}(1\,\text{M}) \,\|\, Cu^{2+}(1\,\text{M}) \,|\, Cu$

(b) $Cu^{2+} + Zn \rightarrow Cu + Zn^{2+}$

(c) $0.34 - 1.10 = \underline{-0.76\ \text{V}}$

(d) Cu を Ag に替え，Zn を Al に替える。これにより，$0.80 - (-1.68) = 2.48$ V の起電力が期待できる。

応 用 問 題

❏**12.** 次の温度条件における純粋な水と濃度 5.0×10^{-8} M の塩酸の pH を求めよ。HCl の電離度は 1.0 とする。

(a) 25 ℃(水のイオン積 K_w は 1.0×10^{-14})

(b) 37 ℃(水のイオン積 K_w は 2.5×10^{-14})

【解】 (a) 純水の場合の H^+, OH^- のモル濃度はともに 1.0×10^{-7} M であり，pH = $\underline{7.00}$

塩酸の pH については，単位体積(1 dm^3)の水に 5.0×10^{-8} mol の H^+ が加わると考える。添加した H^+ のうち x mol が OH^- と反応して H_2O になるとすると

$$[H^+][OH^-] = (1.5 \times 10^{-7} - x)(1.0 \times 10^{-7} - x) = 1.0 \times 10^{-14}$$

より $x = 2.19 \times 10^{-8}$

よって

$$[H^+] = 1.5 \times 10^{-7} - 2.19 \times 10^{-8} = 1.281 \times 10^{-7}\ \text{M}$$

$$\mathrm{pH} = -\log_{10}(1.281 \times 10^{-7}) = \underline{6.89}$$

（b）純水の場合の H^+, OH^- のモル濃度はともに 1.581×10^{-7} M であり，$\mathrm{pH} = \underline{6.80}$

塩酸の pH については，単位体積（1 dm^3）の水に 5.0×10^{-8} mol の H^+ が加わると考える。添加した H^+ のうち y mol が OH^- と反応して H_2O になるとすると

$$[H^+][OH^-] = (2.081 \times 10^{-7} - y)(1.581 \times 10^{-7} - y) = 2.5 \times 10^{-14}$$

より　$y = 2.30 \times 10^{-8}$

よって

$$[H^+] = 2.081 \times 10^{-7} - 2.30 \times 10^{-8} = 1.851 \times 10^{-7}\ \mathrm{M}$$

$$\mathrm{pH} = -\log_{10}(1.851 \times 10^{-7}) = \underline{6.73}$$

▶**注**：このように酸や塩基の濃度が低い場合には，水の電離の影響を考慮する必要がある。

❏**13.** $Fe(OH)_3$ と $Mg(OH)_2$ は，水溶液中で $Fe^{3+} + 3\,OH^-$，$Mg^{2+} + 2\,OH^-$ のように電離し，その溶解度積は，それぞれ 3×10^{-38}，1×10^{-11} である。Fe^{3+} と Mg^{2+} を含む水溶液から，どちらかだけを沈殿させて分離することは可能か。

【解】 分離は可能である。pH を 7 にすると，OH^- の濃度は 1×10^{-7} M であり，溶解度積より，Fe^{3+} の飽和濃度は $3 \times 10^{-38}/(1 \times 10^{-7})^3 = 3 \times 10^{-17}$ M と非常に小さくなり，Fe^{3+} は，ほぼ沈殿すると考えられる。一方，Mg^{2+} の飽和濃度は $1 \times 10^{-11}/(1 \times 10^{-7})^2 = 1 \times 10^3$ M と大きく，ほぼ完全に溶解すると考えられる。したがって，Fe^{3+} を $Fe(OH)_3$ として，ほぼすべて沈殿させ，Mg^{2+} を溶解させた状態で分離することができる。

❏**14.** Hg_2Cl_2 は 100 cm^3 の水に 3.4×10^{-5} g 溶解し，$Hg_2^{2+} + 2\,Cl^-$ のように電離する。溶解度積を求めよ。

【解】 Hg_2Cl_2 は 1.00 dm^3 の水には 3.4×10^{-4} g 溶け，Hg_2Cl_2 のモル質量が 472.2 g mol^{-1} であることから，これは 7.200×10^{-7} mol に相当する。電離により生成する Hg_2^{2+} の物質量もこれに等しく，Cl^- の物質量はこの 2 倍である。

$$[Hg_2^{2+}][Cl^-]^2 = 7.200 \times 10^{-7} \times (2 \times 7.200 \times 10^{-7})^2 = \underline{1.5 \times 10^{-18}}$$

❏**15.** 右図のように，電解槽を電源に接続し 3.00 A の直流電流により $CuSO_4$ と NaOH の水溶液の電気分解を行った。このとき，電解槽 B から発生した気体をすべて捕集したところ，25 ℃，1.013×10^5 Pa で 2.20 dm^3 であった。発生した気体はすべて理想気体の状態方程式を満たすとして，次の問いに答えよ。

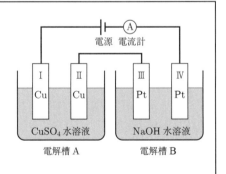

（a）Ⅰ～Ⅳの電極で生じる反応について，電子を含む反応式で示せ。

（b）回路に流れた電子の物質量と電気分解していた時間を求めよ。

（c）電解槽Ａの陰極は，電気分解前と比較し質量が増加した。増加した質量を求めよ。

【解】（a）Ⅰ：$Cu \rightarrow Cu^{2+} + 2e^{-}$

Ⅱ：$Cu^{2+} + 2e^{-} \rightarrow Cu$

Ⅲ：$4OH^{-} \rightarrow 2H_2O + O_2 + 4e^{-}$

Ⅳ：$2H_2O + 2e^{-} \rightarrow H_2 + 2OH^{-}$

（b）電解槽Ｂでは電極Ⅲからは酸素が，Ⅳからは水素が発生する。発生した気体の総物質量は理想気体の状態方程式から，

$$\frac{1.013 \times 10^5 \times 2.20 \times 10^{-3}}{8.3145 \times 298.15} = 0.089900 \text{ mol}$$

発生する物質量比は，$O_2 : H_2 = 1 : 2$ であるから，発生した O_2 の物質量は，0.029967 mol。流れた電子の物質量は，その4倍で，$0.029967 \times 4 = 0.11987 = \underline{0.120 \text{ mol}}$

電気分解に要した時間は，これをファラデー定数倍してから電流で割って

$$\frac{0.11987 \times 9.6485 \times 10^4}{3.00} = \underline{3.86 \times 10^3 \text{ s}}$$

（c）電解槽Ａの陰極Ⅱでは，（b）で求めた流れた電子の物質量の半分の Cu が析出することから，質量増加は，電子の物質量の半分に銅のモル質量をかけて

$$\frac{0.11987}{2} \times 63.5 = \underline{3.81 \text{ g}}$$

発 展 問 題

❏16. 一般に，第1イオン化エネルギーの小さい金属ほどイオン化傾向が大きい。しかし，Li の第1イオン化エネルギーは，Na や K よりも大きいにもかかわらず，イオン化傾向は三者の中で最大である。この理由を述べよ。

【解】 第1イオン化エネルギーは気体状態の中性原子から電子を取り去るのに必要なエネルギーであるのに対して，イオン化傾向は水溶液中における陽イオン（実際には水和イオン）へのなりやすさの指標である。Li のイオン化傾向が大きいのは，Li イオンが小さいため，イオンと水和する水分子との間の距離が小さくなり，静電相互作用が大きく水和イオンがより安定化するためである。

❏17.「活量」と「逃散能」について説明せよ。

【解】 理想溶液では，ラウールの法則が厳密に成立し，気相と液相が温度 T で平衡に達している場合，溶液を構成する成分ｉの気相中での分圧 P_i と化学ポテンシャル μ_i

は，液相中のモル分率 x_i を用いて，それぞれ

$$P_i = P_i^* x_i$$

$$\mu_i = \mu_i^* + RT \ln x_i$$

で与えられる（第12章，問8参照）。P_i^* と μ_i^* は，温度 T における純粋な成分iの蒸気圧と化学ポテンシャルである。もちろん，化学ポテンシャルの値は気相中と液相中で等しい。一方，実在溶液（非理想溶液）では，上記の関係式は厳密には満たされない。特にイオンを含む溶液では，イオンとそのまわりに存在する反対符号のイオンとの間に働く引力のため，静電ポテンシャルエネルギー（ギブズエネルギー）が低下する。そのため，これらのイオンは，実際の濃度よりも低い濃度であるかのように振る舞う。この効果を補正するために使われるのが，活量（アクティビティー）とよばれる実効的なモル分率である。活量 a_i を使えば，

$$P_i = P_i^* a_i$$

$$\mu_i = \mu_i^* + RT \ln a_i$$

が実在溶液について成立する。また，a_i と x_i の比を活量係数という。つまり，活量係数は理想溶液からのずれを補正する係数である。活量係数の具体的な値を理論的に求めることは簡単ではないので，通常 経験値が使われる。活量係数は，0.1 M のイオンを含む水溶液では 0.7〜0.8 程度のものが多く，必ずしも無視できる値ではない。

温度 T，分圧 P_i での理想気体の化学ポテンシャル μ_i は，温度 T，圧力 $P°$ のときの化学ポテンシャルを $\mu_i°$ として

$$\mu_i = \mu_i° + RT \ln \frac{P_i}{P°}$$

で与えられる。実在気体（非理想気体）においては，分圧 P_i が逃散能（フガシティー）f_i とよばれる実効的な分圧に置き換わり

$$\mu_i = \mu_i° + RT \ln \frac{f_i}{P°}$$

と記述される。ただし，0℃の窒素ガスにおいては，100気圧でも逃散能と圧力の違いは3%にすぎず，逃散能が使われる頻度は活量に比べて少ない。

❏**18.** モル濃度が 0.10 M である HCl 水溶液中の水素イオンの活量係数を 0.827 として pH を求めよ。

【解】 希薄溶液であれば，モル濃度とモル分率は比例する。よって，水素イオンの実効的な濃度は 0.10×0.827 M となり，pH は $-\log_{10}(0.10 \times 0.827) = \underline{1.08}$

❏**19.** モル濃度が 0.010 M の塩酸の pH が 2.04 であるとする。水素イオンの活量係数を求めよ。

【解】 pH から計算される水素イオン濃度は $10^{-2.04} = 9.1201 \times 10^{-3}$ M。希薄溶液であるので，これとモル濃度の比をとって，活量係数は $\underline{0.91}$。

□**20.** 難溶性塩の溶解度積は平衡定数ととらえることもでき，溶解過程のギブズエネルギー変化と結びつけて考えることができる。さらに，ギブズエネルギー変化は，標準電極電位と関連づけることができる。たとえば，難溶性塩 AB が水溶液中で $A^+ + B^-$ に電離する場合，電離に必要なエネルギーと電離のギブズエネルギー変化は等しい。これは，電気エネルギーが高効率で直接仕事に変換できることに対応する。以上の点をふまえて，25 ℃での難溶性の塩 AgI の水溶液中での溶解度積を求めよ。標準電極電位(25 ℃) $E°$ には次の値を用いよ。

$$Ag^+ + e^- \leftrightharpoons Ag \qquad E° = 0.799\ V$$

$$AgI + e^- \leftrightharpoons Ag + I^- \qquad E° = -0.1522\ V$$

【解】 AgI が電離して $Ag^+ + I^-$ となるには $0.799 + 0.1522 = 0.9512\ V$ の電位差を越えなければならない。すなわち，電子 1 個あたり 0.9512 eV のエネルギーを必要とする。単位物質量(1 mol)あたりであれば，

$$0.9512 \times 1.6022 \times 10^{-19} \times 6.0221 \times 10^{23} = 91778\ J\ mol^{-1}$$

のエネルギーが必要である。これが，$AgI \rightarrow Ag^+ + I^-$ の標準反応ギブズエネルギー $\Delta G°$ に等しい。よって，溶解度積は

$$K_{sp} = \exp\left(-\frac{\Delta G°}{RT}\right) = \exp\left(-\frac{91778}{8.3145 \times 298.15}\right) = \underline{8.34 \times 10^{-17}}$$

(実測値は 8.5×10^{-17} (25 ℃))

復 習 問 題

1. 次の反応においてブレンステッドの定義に従うと塩基となるものはどれか。

(a) $CH_3COO^- + H_2O \rightarrow CH_3COOH + OH^-$

(b) $H_2PO_4^- + H_2O \rightarrow HPO_4^{2-} + H_3O^+$

(c) $SO_2 + 2H_2O \rightarrow HSO_3^- + H_3O^+$

(d) $HCO_3^- + OH^- \rightarrow CO_3^{2-} + H_2O$

2. 60 ℃における水のイオン積は 9.2×10^{-14} である。この水(中性)の H^+ のモル濃度と pH を求めよ。

3. モル濃度 0.050 M の酢酸水溶液の pH が 3.03 であるとする。この条件では，水自身の電離によって生成する H^+ は無視できることを示し，酢酸の酸解離定数および pK_a を求めよ。溶液の温度を 25 ℃とする。

4. モル濃度 0.010 M の NaOH 水溶液 100 cm³ とモル濃度 0.10 M の $Mg(NO_3)_2$ 水溶液 100 cm³ を混合した。沈殿は生じるか。NaOH と $Mg(NO_3)_2$ の電離度を 1.0 とし，$Mg(OH)_2$ の溶解度積を 1.2×10^{-11} とする。また，混合により溶液の体積は，ちょうど 2 倍になるものとする。

5. 次の酸化還元反応

$$5Fe(CN)_6^{4-} + MnO_4^- + 8H^+ \rightarrow 5Fe(CN)_6^{3-} + Mn^{2+} + 4H_2O$$

について，酸化半反応式と還元半反応式を示し，酸化剤あるいは還元剤として作用している化学種の化学式を示せ。

14 化学反応の速度

「化学」という言葉は，物質の形態が変化する「反応」に由来していると考えられる。ヨウ素を水素と混合して温めるとヨウ化水素が生成し，しだいに色が薄くなる。エタノールと酢酸を反応させると酢酸の刺激臭が消え，エステル特有の臭いがしてくる。このような反応の速さは，圧力（濃度）や温度に，どのように依存するのであろうか。1889 年にアレニウスによって提唱された反応速度定数の温度依存の式は，現在でも多用されている。

重要公式

- 一次反応における反応物 A の濃度の時間依存

$$[A] = [A]_0 \exp(-kt) \quad （[A]_0 は A の初期濃度）$$

- 反応速度定数の温度依存（アレニウスの式）

$$k = A \exp\left(-\frac{E_a}{RT}\right) \quad （A は頻度因子，E_a は活性化エネルギー）$$

エネルギーの単位は J であるが，活性化エネルギーの単位は $J \, mol^{-1}$ であることに注意せよ。

14 章で登場する「濃度」は，すべて「モル濃度」である。また，系の体積は，反応中一定に保たれるものとする。

基 本 問 題

❑ **1.** $H_2 + I_2 \rightarrow 2HI$ の反応は，反応速度が H_2 の濃度と I_2 の濃度の積に比例する二次反応である。H_2 の濃度を 4 倍，I_2 の濃度を 3.0 倍にしたとき，反応速度は何倍になるか。

【解】 濃度がそれぞれ 4 倍と 3.0 倍になるので，その積で反応速度は $4 \times 3.0 = \underline{1 \times 10 倍}$（有効数字は 1 桁）となる。

❑ **2.** 化学反応（$A + B \rightarrow C$）の反応速度が，A と B の濃度（[A], [B]）の積に比例するとする。A と B の初期濃度（$[A]_0$, $[B]_0$）が等しく $2.0 \times 10^{-3} \, mol \, dm^{-3}$ であり，C の初期濃度（$[C]_0$）はゼロであるとする。速度定数 k が $4.0 \times 10^{-1} \, dm^3 \, mol^{-1} \, s^{-1}$ であるとき，A の濃度が初期濃度の 20 % になる時間を求めよ。

【解】 $[A]_0 = [B]_0 = N_0$，$[C] = x$ とおき，次の微分方程式を解く（「微分方程式」については付録(2)参照）。

$$-\frac{d[A]}{dt} = k[A][B]$$

A と B の濃度は等しく $N_0 - x$ であるので

$$-\frac{d(N_0 - x)}{dt} = k(N_0 - x)^2$$

$$\frac{dx}{(N_0 - x)^2} = k\,dt$$

これを積分し，さらに初期条件（$t = 0$ のとき $x = 0$）を考慮して

$$\frac{1}{N_0 - x} = kt + C = kt + \frac{1}{N_0}$$

したがって

$$[A] = N_0 - x = \frac{N_0}{ktN_0 + 1}$$

ここで，$N_0 = 2.0 \times 10^{-3}$ mol dm^{-3}，$k = 4.0 \times 10^{-1}$ dm^3 mol^{-1} s^{-1}，$[A]/N_0 = 0.20$ を代入して $5.0 = 4.0 \times 10^{-1} \times t \times 2.0 \times 10^{-3} + 1$

これより $\underline{t = 5.0 \times 10^3\,\text{s}}$

□**3.** シクロプロパン c-C_3H_6 のプロペンへの異性化反応は，ある程度以上の圧力では一次反応で，800 K での速度定数は 3.00×10^{-3} s^{-1} である。10 分間反応させた場合のプロペンへの異性化率は何パーセントか。

【解】 シクロプロパンの初期濃度を N_0，600 s 後の濃度を N とする。一次反応であるから

$$\frac{N}{N_0} = \exp(-3.0 \times 10^{-3} \times 600) = 0.17$$

よって，プロペンへの異性化率は $\underline{83\%}$。

□**4.** 過酸化水素の水と酸素への分解反応は，一次反応で，Fe^{3+} 触媒存在下 20 ℃での速度定数 k が 0.041 min^{-1} であった。次の値を求めよ。

(a) 過酸化水素の初期濃度が 0.50 M の場合の 10 分後の過酸化水素の濃度。

(b) 過酸化水素の濃度が 0.50 M から 0.10 M へ低下するのにかかる時間。

(c) 反応の半減期。

(d) 反応の活性化エネルギー E_a を 63 kJ mol^{-1} として，34 ℃における反応速度定数。速度定数はアレニウスの式に従うとする。

【解】 (a) 過酸化水素の初期濃度を N_0，時間が t 経過したときの濃度を N とする。
$$N = N_0 \exp(-kt) = 0.50 \times \exp(-0.041 \times 10) = \underline{0.33\,\text{M}}$$

(b) 一次反応の式に，速度定数とそれぞれの濃度を代入して

$$0.10 = 0.50 \times \exp(-0.041 \times t)$$

これより
$$t = \frac{\ln(5.0)}{0.041} = \underline{39 \text{ min}}$$

(c) 半減期 $t_{1/2}$ は

$$t_{1/2} = \frac{\ln 2}{k} = \frac{\ln 2}{0.041} = \underline{17 \text{ min}}$$

(d) 頻度因子を A として，アレニウスの式から

$$0.041 = A \exp\left(-\frac{63 \times 10^3}{8.314 \times 293.2}\right)$$

これより

$$k(34\,^\circ\text{C}) = A \exp\left(-\frac{63 \times 10^3}{8.314 \times 307.2}\right)$$

$$= 0.041 \times \exp\left\{\frac{63 \times 10^3}{8.314} \times \left(\frac{1}{293.2} - \frac{1}{307.2}\right)\right\} = \underline{0.13 \text{ min}^{-1}}$$

□**5.** 「擬一次反応」について説明し，「一次反応」と「擬一次反応とみなせる二次反応」の共通点と相違点について述べよ。

【解】 擬一次反応とは，一次反応ではないが一次反応と同じように反応速度解析ができる反応をいう。たとえば，二種類の反応種が関与する反応で，反応速度がそれぞれの反応種の濃度の積に比例する二次反応を考える。反応種の一つが他の成分に比べて十分多量に存在すると多量成分の濃度を近似的に一定とみなすことができる。この場合，一次反応と同じように解析することができ，擬一次反応という。

　両者は，反応速度式に反応物の濃度に関する変数が1つだけ現れ，その反応物の濃度が指数関数的時間依存を示す点が共通する。異なる点は，「一次反応」の反応速度定数は，時間の逆数の次元をもつが，「擬一次反応とみなせる二次反応」の反応速度定数は，時間と濃度の積の逆数の次元をもつ点である。

□**6.** $A \rightleftharpoons B$ のような化学平衡が成り立っているとする。正反応，逆反応ともに一次反応で，その速度定数が，それぞれ 0.10 s^{-1}，0.18 s^{-1} であるとする。この反応の平衡定数 K° と A の平衡濃度が 0.050 M であるときの B の平衡濃度を求めよ。

【解】 AとBの平衡濃度をそれぞれ $[A]_e$, $[B]_e$ とし，正反応と逆反応の速度定数をそれぞれ k_1, k_{-1} とする。平衡が成り立っていることから

$$k_1[A]_e = k_{-1}[B]_e$$

よって，平衡定数 K° は

$$K^\circ = \frac{[B]_e}{[A]_e} = \frac{k_1}{k_{-1}} = \frac{0.10}{0.18} = \underline{0.56}$$

$[A]_e = 0.050 \text{ M}$ を代入して，$[B]_e = \dfrac{0.050 \times 0.10}{0.18} = \underline{0.028 \text{ M}}$

❏**7.**「温度が 10 ℃ 上昇すると反応速度定数は 2 倍になる」と言われることがある。アレニウスの式を仮定したうえで，この説の妥当性を論ぜよ。

【解】 上記の説に従うと，アレニウスの式から

$$2 = \frac{\exp\{-E_a/R(T+10)\}}{\exp(-E_a/RT)}$$

これより $$RT(T+10) \times \ln 2 = 10 E_a$$

活性化エネルギー E_a と温度 T がこの関係式を満たすときには，上記の説は成立する。逆に，この関係が満たされない場合には成立しない。室温付近であれば，E_a が $50 \sim 60 \,\text{kJ mol}^{-1}$ のときには成立するが，一般に成立するものではない。

❏**8.** 一般に，酵素反応の速度定数は，アレニウスの式に従わない。その理由を説明せよ。

【解】 酵素は主にタンパク質からなる触媒であり，最適温度を越えて温度上昇すると構造変化等により，その触媒活性が失われる。そのため，一般にアレニウスの式には従わない。

❏**9.** 温度が 300 K から 310 K に 10 K 上昇すると反応速度が 3.0 倍になる反応の活性化エネルギー E_a を求めよ。また，この反応の 210 K での反応速度定数は 200 K での値の何倍になるか。いずれもアレニウスの式を仮定してよい。

【解】 絶対温度 T_1, T_2 での速度定数をそれぞれ k_1, k_2 とする。アレニウスの式を仮定して

$$k_1 = A \exp\left(-\frac{E_a}{RT_1}\right), \quad k_2 = A \exp\left(-\frac{E_a}{RT_2}\right)$$

これより

$$E_a = \frac{R \times \ln\dfrac{k_2}{k_1}}{\dfrac{1}{T_1} - \dfrac{1}{T_2}}$$

この式に $k_2/k_1 = 3.0$, $T_1 = 300$ K, $T_2 = 310$ K を代入して，$E_a = 84.94 = \underline{85 \,\text{kJ mol}^{-1}}$

$$\exp\left\{\frac{84.94 \times 10^3}{8.314} \times \left(\frac{1}{200} - \frac{1}{210}\right)\right\} = 11.39$$

よって，210 K での反応速度定数は，200 K での値の <u>11 倍</u>。

❏**10.** ホルムアルデヒド HCHO の水素と一酸化炭素への分解反応は，ある程度以上の圧力では一次反応で，その速度定数はアレニウスの式に従い，1500 K では $1.21 \times 10^3 \,\text{s}^{-1}$，1700 K では $2.07 \times 10^4 \,\text{s}^{-1}$ である。活性化エネルギー E_a を求めよ。

【解】 アレニウスの式を仮定すると速度定数の比の対数は，次式で与えられる。

$$\ln\left(\frac{2.07 \times 10^4}{1.21 \times 10^3}\right) = \frac{E_a}{8.3145} \times \left(\frac{1}{1500} - \frac{1}{1700}\right)$$

よって $E_a = \underline{3.01 \times 10^5 \text{ J mol}^{-1}}$

応 用 問 題

❏ **11.** 反応 A → P が n 次反応 $(n \neq 1)$ であるとする。A の初期濃度を N_0 として、半減期 $t_{1/2}$ を求めよ。

【解】 反応速度定数を k、時間が t 経過したときの A の濃度を N とする。反応速度式は

$$-\frac{\mathrm{d}N}{\mathrm{d}t} = kN^n$$

$$-N^{-n}\,\mathrm{d}N = k\,\mathrm{d}t$$

これを積分し、さらに初期条件 $(t = 0$ のとき $N = N_0)$ を考慮して

$$\frac{N^{1-n}}{n-1} = kt + C = kt + \frac{N_0^{1-n}}{n-1}$$

$$t = \frac{N^{1-n} - N_0^{1-n}}{k(n-1)}$$

これに $N = N_0/2$ を代入して

$$t_{1/2} = \frac{2^{n-1}N_0^{1-n} - N_0^{1-n}}{k(n-1)} = \underline{\frac{2^{n-1} - 1}{k(n-1)N_0^{n-1}}}$$

❏ **12.** 化学反応 $2\mathrm{A} + \mathrm{B} \to \mathrm{C}$ において、反応速度が A と B の濃度の積に比例するとし、その速度定数 k を $6.0 \times 10^{-4} \text{ m}^3 \text{ mol}^{-1} \text{ s}^{-1}$ とする。A と B の初期濃度をそれぞれ 0.30 mol m^{-3}, 0.40 mol m^{-3} とし、C の初期濃度はゼロとする。20 分経過したときの C の濃度を求めよ。

【解】 A, B の初期濃度をそれぞれ A_0, B_0、時刻 t における C の濃度を x で表すと、反応速度式は

$$\frac{\mathrm{d}x}{\mathrm{d}t} = k[\mathrm{A}][\mathrm{B}] = k(A_0 - 2x)(B_0 - x)$$

で与えられる。変数分離をし、さらに部分分数に分けて

$$\frac{\mathrm{d}x}{(A_0 - 2x)(B_0 - x)} = k\,\mathrm{d}t$$

$$\frac{1}{2B_0 - A_0}\left\{\frac{2}{A_0 - 2x} - \frac{1}{B_0 - x}\right\}\mathrm{d}x = k\,\mathrm{d}t$$

これを積分し、さらに初期条件 $(t = 0$ のとき $x = 0)$ を考慮して

$$\frac{1}{2B_0 - A_0}\ln\frac{B_0 - x}{A_0 - 2x} = kt + C = kt + \frac{1}{2B_0 - A_0}\ln\frac{B_0}{A_0}$$

$$\frac{1}{2B_0 - A_0} \ln \frac{A_0(B_0 - x)}{B_0(A_0 - 2x)} = kt$$

数値を代入して

$$\frac{1}{2 \times 0.40 - 0.30} \ln \frac{0.30(0.40 - x)}{0.40(0.30 - 2x)} = 6.0 \times 10^{-4} \times 1.2 \times 10^3$$

$$x = \underline{0.061 \; \text{mol m}^{-3}}$$

❏ **13.** 物質 A と B は互いに異性体で，A ⇌ B のように相互に変換しうるとする。また，A から B が生成する正反応も，B から A が生成する逆反応も一次反応であるとする。両者を混合し，温度一定の条件下においた。A のモル分率がはじめの状態では 0.790，時間が t_0 経過した段階で 0.440，時間が $2t_0$ 経過した段階で 0.271 であった。平衡に達した際の A のモル分率 x_e を求めよ。モル分率と濃度は比例するものとする。

【**解**】 正反応と逆反応の速度定数をそれぞれ k_1，k_{-1} とする。モル分率と濃度は比例するとするので，A のモル分率 x_A を使って反応速度式は次のように表現できる。

$$-\frac{dx_A}{dt} = k_1 x_A - k_{-1} x_B = k_1 x_A - k_{-1}(1 - x_A) = (k_1 + k_{-1}) x_A - k_{-1}$$

これより

$$-\frac{dx_A}{(k_1 + k_{-1}) x_A - k_{-1}} = dt$$

この微分方程式を解いて

$$-\frac{1}{k_1 + k_{-1}} \ln \{(k_1 + k_{-1}) x_A - k_{-1}\} = t + C'$$

$$(k_1 + k_{-1}) x_A - k_{-1} = C \exp\{-(k_1 + k_{-1}) t\} \quad (C \; と \; C' \; はいずれも積分定数)$$

初期状態，時間 t_0 後，時間 $2t_0$ 後のモル分率を代入して

$$\begin{cases} 0.790(k_1 + k_{-1}) - k_{-1} = C \\ 0.440(k_1 + k_{-1}) - k_{-1} = C \exp\{-(k_1 + k_{-1}) t_0\} \\ 0.271(k_1 + k_{-1}) - k_{-1} = C \exp\{-2(k_1 + k_{-1}) t_0\} \end{cases}$$

C と t_0 を消去して

$$\{0.440(k_1 + k_{-1}) - k_{-1}\}^2 = \{0.271(k_1 + k_{-1}) - k_{-1}\}\{0.790(k_1 + k_{-1}) - k_{-1}\}$$

$$0.02049(k_1 + k_{-1}) - 0.181 k_{-1} = 0$$

平衡に達した場合は，モル分率の時間微分はゼロであるとして

$$-\frac{dx_A}{dt} = 0 = (k_1 + k_{-1}) x_e - k_{-1}$$

これに，$0.02049(k_1 + k_{-1}) - 0.181 k_{-1} = 0$ を代入して

$$x_e = \frac{k_{-1}}{k_1 + k_{-1}} = \frac{0.02049}{0.181} = \underline{0.11}$$

❏**14.** 気体の有機分子を一定温度に加熱した固体触媒上で分解させたところ，有機分子の圧力が低い場合には，分解速度は圧力に比例して増加したが，圧力を高くすると分解速度は圧力に依存しなくなった。この結果をどのように説明したらよいか。

【**解**】　固体表面での気体分子の分解反応は，① 気体分子が表面に衝突し，② ある程度の時間そこに滞在する間に分解し，③ 分解生成物が気相中に放出される，という三段階を経て進む。圧力が低い場合，触媒体表面に気体分子を吸着していない活性点（反応を起こさせる部位）が十分な数あり，反応速度は衝突頻度に比例して増加する。衝突頻度と気体の圧力は比例するため，反応速度は圧力に比例する。一方，圧力が高くなると活性点の多くが気体分子によって占有され，反応速度は飽和し，圧力に依存しなくなる。

発 展 問 題

❏**15.** A → B → C という連続反応が起こっているとする。反応はすべて一次反応とし，第一段階および第二段階の速度定数をそれぞれ k_1, k_2 $(k_1 \neq k_2)$ とする。A の初期濃度を A_0，B と C の初期濃度を 0 として，A, B, C の濃度 [A], [B], [C] の時間依存を求めよ。

【**解**】　一次反応であるから A, B, C の濃度 [A], [B], [C] に対して，次の反応速度式が成立する。

$$\frac{\mathrm{d[A]}}{\mathrm{d}t} = -k_1[A] \tag{1}$$

$$\frac{\mathrm{d[B]}}{\mathrm{d}t} = k_1[A] - k_2[B] \tag{2}$$

$$\frac{\mathrm{d[C]}}{\mathrm{d}t} = k_2[B] \tag{3}$$

微分方程式(1)を解くと

$$[A] = A_0 \exp(-k_1 t) \tag{4}$$

(2)式に(4)式を代入して，

$$\frac{\mathrm{d[B]}}{\mathrm{d}t} = k_1 A_0 \exp(-k_1 t) - k_2[B]$$

さらに，$[B] = f(t) A_0 \exp(-k_2 t)$ とおくと

$$\frac{\mathrm{d}f(t)}{\mathrm{d}t} A_0 \exp(-k_2 t) - k_2 f(t) A_0 \exp(-k_2 t) = k_1 A_0 \exp(-k_1 t) - k_2 f(t) A_0 \exp(-k_2 t)$$

両辺の第2項は相殺し

$$\frac{\mathrm{d}f(t)}{\mathrm{d}t} = k_1 \exp\{(k_2 - k_1)t\}$$

これを積分して

$$f(t) = \frac{k_1}{k_2 - k_1} \exp\{(k_2 - k_1)t\} + C$$

$[B] = f(t) A_0 \exp(-k_2 t)$ に代入し，初期条件 $(t = 0$ のとき $[B] = 0)$ を考慮して

$$[B] = \frac{k_1}{k_2 - k_1} A_0 \exp(-k_1 t) + C A_0 \exp(-k_2 t)$$

$$= \underline{\frac{k_1}{k_2 - k_1} A_0 \{\exp(-k_1 t) - \exp(-k_2 t)\}}$$

(3)は，$[B]$ の結果を代入して

$$\frac{d[C]}{dt} = k_2[B] = \frac{k_1 k_2}{k_2 - k_1} A_0 \{\exp(-k_1 t) - \exp(-k_2 t)\}$$

これを積分し，初期条件 $(t = 0$ のとき $[C] = 0)$ を考慮して

$$[C] = \frac{k_1 k_2}{k_2 - k_1} A_0 \left\{ -\frac{1}{k_1} \exp(-k_1 t) + \frac{1}{k_2} \exp(-k_2 t) + \frac{1}{k_1} - \frac{1}{k_2} \right\}$$

以上より，A は単調減少，B はいったん増加後に減少，C は単調増加することがわかる。

□16. 上記の問題で，B の反応性が高く，$k_2 \gg k_1$ としたときの B と C の濃度の近似式を求めよ。

【解】

$$[B] = \frac{k_1}{k_2 - k_1} A_0 \{\exp(-k_1 t) - \exp(-k_2 t)\} \approx \underline{\frac{k_1}{k_2} A_0 \exp(-k_1 t)}$$

$$[C] = \frac{k_1 k_2}{k_2 - k_1} A_0 \left\{ -\frac{1}{k_1} \exp(-k_1 t) + \frac{1}{k_2} \exp(-k_2 t) + \frac{1}{k_1} - \frac{1}{k_2} \right\} \approx \underline{A_0 \{1 - \exp(-k_1 t)\}}$$

▶**注**：$k_2 \gg k_1$ より，B の濃度は A や C の濃度に比べてきわめて低くなると予想される。また，$[B]$ の微分も $\dfrac{d[B]}{dt} \approx -\dfrac{{k_1}^2}{k_2} A_0 \exp(-k_1 t)$ となり小さく，ゼロと近似できる場合も多い。

□17. N_2O_5 の分解反応$(2N_2O_5 \rightarrow 4NO_2 + O_2)$は，ある程度圧力の高い条件下では，以下の3段階の反応(これを素反応とよぶ)を経て進行すると考えることができる。

$$N_2O_5 \rightleftharpoons NO_2 + NO_3 \qquad (1)$$
$$NO_2 + NO_3 \rightarrow NO_2 + O_2 + NO \qquad (2)$$
$$N_2O_5 + NO \rightarrow 3NO_2 \qquad (3)$$

ここで，反応中間体である NO_3 と NO は，すばやく反応してしまうため，その濃度は低く，その時間微分はゼロであると近似できるとする(前問の注参照)。この近似のもとで，全体の反応が一次反応であることを導け。

(**ヒント**：素反応では，反応(1)のような単分子反応は一次反応，反応(2)や(3)のような二分子反応はすべて二次反応としてよい。)

【解】 反応(1)から(3)の速度定数をそれぞれ k_1, k_2, k_3 とし，反応(1)の逆反応の速度定数を k_{-1} とする。NO_3 と NO の濃度の時間微分をゼロとおくと次の方程式が得られる。

$$\frac{d[NO_3]}{dt} = 0 = k_1[N_2O_5] - (k_{-1} + k_2)[NO_2][NO_3]$$

$$\frac{d[NO]}{dt} = 0 = k_2[NO_2][NO_3] - k_3[N_2O_5][NO]$$

一方, N_2O_5 の濃度の減少速度は, 次の式で与えられる.

$$-\frac{d[N_2O_5]}{dt} = k_1[N_2O_5] - k_{-1}[NO_2][NO_3] + k_3[N_2O_5][NO]$$

$$= k_1[N_2O_5] - k_{-1}[NO_2]\frac{k_1[N_2O_5]}{(k_{-1}+k_2)[NO_2]} + k_3[N_2O_5]\frac{k_2[NO_2][NO_3]}{k_3[N_2O_5]}$$

$$= k_1[N_2O_5] - k_{-1}\frac{k_1[N_2O_5]}{k_{-1}+k_2} + k_2[NO_2]\frac{k_1[N_2O_5]}{(k_{-1}+k_2)[NO_2]}$$

$$= \frac{2k_1k_2}{k_{-1}+k_2}[N_2O_5]$$

この式は, N_2O_5 がみかけ上, 一次反応で消失することを示している.

❏ **18.** オゾンの分解反応($2O_3 \rightarrow 3O_2$)の反応速度は, 圧力が十分高い場合

$$-\frac{d[O_3]}{dt} = k\frac{[O_3]^2}{[O_2]}$$

で与えられる. この速度式を以下の素反応過程(1), (2)を仮定して導け. M は第三体分子で, O_3 でも O_2 でも, 他の添加ガス分子でもよい. 反応(1)の逆反応は反応(2)に比べて十分速く, かつ O 原子の濃度の時間微分をゼロとしてよい.

$$O_3 + M \rightleftharpoons O_2 + O + M \qquad (1)$$

$$O + O_3 \rightarrow 2O_2 \qquad (2)$$

(**ヒント**: 素反応では, 反応(1)の正反応や反応(2)のような二分子反応は二次反応, 反応(1)の逆反応のような三分子反応は三次反応としてよい.)

【**解**】 反応(1), (2)の速度定数をそれぞれ k_1, k_2 とし, 反応(1)の逆反応の速度定数を k_{-1} とする. O 原子の濃度の時間微分をゼロとおくと次の方程式が得られる.

$$\frac{d[O]}{dt} = 0 = k_1[O_3][M] - k_{-1}[O_2][O][M] - k_2[O][O_3]$$

これを解いて

$$[O] = \frac{k_1[O_3][M]}{k_{-1}[O_2][M] + k_2[O_3]}$$

一方, O_3 の濃度の減少速度は, 次の式で与えられる.

$$-\frac{d[O_3]}{dt} = k_1[O_3][M] - k_{-1}[O_2][O][M] + k_2[O][O_3]$$

$$= k_1[O_3][M] - (k_{-1}[O_2][M] - k_2[O_3])\frac{k_1[O_3][M]}{k_{-1}[O_2][M] + k_2[O_3]}$$

$$= \frac{2k_1k_2[O_3]^2[M]}{k_{-1}[O_2][M] + k_2[O_3]}$$

ここで $k_{-1}[O_2][M] \gg k_2[O_3]$ であるならば $-\frac{d[O_3]}{dt} = \frac{2k_1k_2}{k_{-1}}\frac{[O_3]^2}{[O_2]}$ と近似できる.

▶**注**：反応(1)の逆反応のような原子と二原子分子の再結合反応では，生成直後の分子から第三体がエネルギーを奪わない限り再分解が起こるため，低圧での反応速度はきわめて遅くなる。

☐**19.** 活性化エネルギーの物理的意味を説明せよ。

【解】　素反応においては，実験的に求められる活性化エネルギーは，反応物が生成物に至るまでに越えなければならないポテンシャル障壁の高さにほぼ等しい。別の表現をすると，このポテンシャル障壁以上のエネルギーを有する分子だけが反応に寄与できることになる。ここで「ほぼ等しい」としたのは，実験的に得られる活性化エネルギーは，アレニウスの式では定数とされる頻度因子の温度依存の効果も含めたものだからである。頻度因子は，反応に必要な現象が起きる回数に関係した因子で，たとえば気相の二分子反応では，単位時間に単位体積中で単位濃度の分子が起こす衝突数に比例し，この衝突数は絶対温度の平方根に比例する。また，ポテンシャル障壁以上のエネルギーを有する分子も，すべてが衝突ごとに反応するわけではない。これも実験的に観測される活性化エネルギーがポテンシャル障壁の高さに完全には一致しない理由の一つとなる。複合反応において，実験的に得られる活性化エネルギーに簡単な意味づけをすることは難しいが，複数の素反応過程のポテンシャル障壁の和や差として近似できる場合もある。

復 習 問 題

1. 半減期が 10 s の一次反応において，反応物の濃度が 1/10 になるまでの時間を求めよ。

2. ジメチル亜鉛 $(CH_3)_2Zn$ の分解反応は，ある程度以上の圧力では一次反応で，その速度定数は 833 K で 0.67 s^{-1} である。$(CH_3)_2Zn$ の初期濃度を 0.35 mol m^{-3} として，3.2 s 経過したときに残っている $(CH_3)_2Zn$ の濃度を計算せよ。

3. 反応 A + B → C は，反応速度が A と B の濃度の積に比例する二次反応で，その速度定数は 6.0×10^7 m^3 mol^{-1} s^{-1} である。B の濃度が 3.0×10^{-3} mol m^{-3} で，A の濃度に比べて十分高く，反応が擬一次反応とみなせる場合，1.0×10^{-6} s 経過したときの A の濃度は初期濃度の何倍になっているか。

4. 頻度因子が 2.80×10^8 m^3 mol^{-1} s^{-1}，活性化エネルギーが 40 kJ mol^{-1} であるアレニウスの式にしたがう二次反応を考える。温度が 30 ℃から 40 ℃に上昇した場合と 90 ℃から 100 ℃に上昇した場合に，反応速度定数はそれぞれ何倍になるか。

5. 触媒を用いることで，化学反応の速度を変化させることができる。その理由を述べよ。

付録（1） 有効数字と測定値の演算

　本書の計算問題における有効数字の扱いは，以下の原則に従っている。

　（1）乗除算の計算結果は，小数点の位置に関係なく，最も桁数の小さいものにあわせる。なお，途中の演算は，最小桁プラス2桁で行う。

　　　例：$(1.0 \div 3.00) \times 14 = 0.3333 \times 14 = 4.7$

　（2）加減算の計算結果は，小数点以下の桁数の最も少ないものにあわせる。なお，途中の演算は，最小桁プラス2桁で行う。

　　　例：$(1.00 + 3.12345) - 5.0 = 4.1235 - 5.0 = -0.9$

　（3）関数 $y = f(x)$ を含む場合の誤差は，厳密には $\Delta y = f'(x) \Delta x$ により計算すべきである。しかし，本書では，計算の煩雑さを避けるため，平方根や指数関数，対数関数に対しても，有効数字に関して乗除算の規則を準用する。

　　　例：$(2.0)^{1/2} = 1.4$，　$\exp(2.0) = 7.4$，　$\ln(2.0) = 0.69$，　$\log_{10}(2.00) = 0.301$

ただし，対数の計算において，真数が10以上または0.1以下の場合，以下のように計算する。

　　　例：$\log_{10}(2.00 \times 10^{-5}) = -4.699$

これは，$\log_{10}(2.00 \times 10^{-5}) = \log_{10}(2.00) - 5(整数) = 0.301 - 5(整数)$ を考慮してのことである。

　（4）アボガドロ定数などの物理定数や円周率 π の桁数は，最も桁数の少ない測定値の桁数プラス2桁とする。（問6,7参照）

　□ **1.** 縦と横の長さが，それぞれ8 m と 9 m の長方形の面積はいくらか。

【解】　$8 \times 9 = \underline{7 \times 10 \text{ m}^2}$

▶**注**：8 m も 9 m も有効数字は1桁なので，72 m^2 と答えてはいけない。72 m^2 とすると，71.5 m^2 以上 72.5 m^2 未満であることを保証することになり，無責任な答えとなる。「70 m^2」と解答した場合は，有効数字を2桁とみなす場合と1桁とみなす場合がある。本書では前者の立場をとっている。

　□ **2.** 縦と横の長さが，それぞれ8.0 m と 9.0 m の長方形の面積はいくらか。

【解】　$8.0 \times 9.0 = \underline{72 \text{ m}^2}$

❏**3.** 縦と横の長さが，それぞれ 8.0 m と 9 m の長方形の面積はいくらか。

【解】 $8.0 \times 9 = \underline{7 \times 10 \, \text{m}^2}$

▶**注**：乗除算では有効数字の桁の小さいものにあわせる。

❏**4.** 105 g の水に 1.5 g の塩化ナトリウムを溶かした。溶液の質量は何 g になるか。

【解】 $105 + 1.5 = \underline{107 \, \text{g}}$

▶**注**：加減算では，小数点以下の桁の小さいものにあわせる。106.5 g は不正解。

❏**5.** ある試料の質量を 13.9 g の容器に入れて測定したところ，試料と容器の質量の合計が 15.8 g であった。また，この試料の体積は 2.03 cm³ であった。試料の密度はいくらか。

【解】 $\dfrac{15.8 - 13.9}{2.03} = \dfrac{1.9}{2.03} = \underline{0.94 \, \text{g cm}^{-3}}$

▶**注**：測定値はすべて 3 桁であるが，減算の段階で有効数字の桁数が下がっている。これを桁落ちといい，答えは 2 桁にする必要がある。

❏**6.** 直径 4.0 m の円の円周はいくらか。

【解】 $4.0 \times \pi = 4.0 \times 3.142 = \underline{13 \, \text{m}}$

▶**注**：直径が 2 桁で与えられているので，π としては 4 桁を使う。5 桁以上で計算をしても悪いことはないが，最終結果に影響はない。アボガドロ定数等の物理定数を扱う場合も同様で，"最も桁数の少ない測定値の桁数プラス 2 桁" とする。

❏**7.** 直径 4.000 m の円の円周はいくらか。

【解】 $4.000 \times \pi = 4.000 \times 3.14159 = \underline{12.57 \, \text{m}}$

▶**注**：直径が 4 桁で与えられているので，π としては 6 桁以上を使う必要がある。3.14 を使うと 12.56 m となり，誤った答えとなる。

❏**8.** 面積が 2.0 m² の正方形の一辺の長さはいくらか。

【解】 $(2.0)^{1/2} = \underline{1.4 \, \text{m}}$

▶**注**：$\sqrt{2}$ m は，無限の有効数字をもつことになるので不正解。

付録(2)　微分方程式について

　微分方程式とは，導関数を含む方程式のことである。詳細は数学の教科書にゆずり，ここでは，基本中の基本となる3つの場合について，解説する。

❏1. $\dfrac{\mathrm{d}y}{\mathrm{d}x} = x$ を満足する x の関数 y を求めよ。

【解】　両辺に $\mathrm{d}x$ をかけて積分する。

$$\int \mathrm{d}y = \int x\,\mathrm{d}x \quad \text{より} \quad y = \frac{1}{2}x^2 + C$$

❏2. $\dfrac{\mathrm{d}y}{\mathrm{d}x} = xy$ を満足する x の関数 y を求めよ。

【解】　両辺に $\mathrm{d}x/y$ をかけて積分する。

$$\int \frac{1}{y}\,\mathrm{d}y = \int x\,\mathrm{d}x \quad \text{より} \quad \ln|y| = \frac{1}{2}x^2 + C' \quad (\ln|y| \text{ は } |y| \text{ の自然対数})$$

$$y = \pm \exp C' \cdot \exp \frac{x^2}{2} = C \exp \frac{x^2}{2}$$

❏3. $\dfrac{\mathrm{d}y}{\mathrm{d}x} = \exp(-x) + y$ を満足する x の関数 y を求めよ。

【解】　$y = f(x)\exp x$ とおくと　$\dfrac{\mathrm{d}y}{\mathrm{d}x} = \dfrac{\mathrm{d}f(x)}{\mathrm{d}x}\exp x + f(x)\exp x$

　これを最初の微分方程式と連立させて

$$\frac{\mathrm{d}f(x)}{\mathrm{d}x}\exp x + f(x)\exp x = \exp(-x) + f(x)\exp x$$

両辺の第2項は相殺し

$$\frac{\mathrm{d}f(x)}{\mathrm{d}x}\exp x = \exp(-x)$$

$$\frac{\mathrm{d}f(x)}{\mathrm{d}x} = \exp(-2x)$$

これを積分して

$$f(x) = -\frac{1}{2}\exp(-2x) + C$$

$$y = f(x)\exp x = -\frac{1}{2}\exp(-x) + C\exp x$$

付　表

表1　SI基本単位

物 理 量	量の記号	SI単位の名称	単位の記号
長　さ	l	メートル	m
質　量	m	キログラム	kg
時　間	t	秒	s
電　流	I	アンペア	A
熱力学温度[a] （絶対温度）	T	ケルビン	K
物質量[b]	n	モル	mol
光　度	I_V	カンデラ	cd

a：温度に関しては「熱力学温度」が推奨される名称であるが，
　　本書では，より一般的に使われている「絶対温度」を用いる。
b：モルという単位は，原子や分子のみならず，電子や光子に
　　も用いることができる。

表2　固有の名称と記号をもつSI組立単位

物 理 量	SI単位の名称	記号	SI基本単位による表現
振動数	ヘルツ	Hz	s^{-1}
力	ニュートン	N	$m\,kg\,s^{-2}$
圧力，応力	パスカル	Pa	$m^{-1}\,kg\,s^{-2} = N\,m^{-2}$
エネルギー，仕事	ジュール	J	$m^{2}\,kg\,s^{-2} = N\,m$
仕事率	ワット	W	$m^{2}\,kg\,s^{-3} = J\,s^{-1}$
電　荷	クーロン	C	$s\,A$
電位差，電圧	ボルト	V	$m^{2}\,kg\,s^{-3}\,A^{-1} = J\,C^{-1}$
静電容量	ファラド	F	$m^{-2}\,kg^{-1}\,s^{4}\,A^{2} = C\,V^{-1}$
電気抵抗	オーム	Ω	$m^{2}\,kg\,s^{-3}\,A^{-2} = V\,A^{-1}$
コンダクタンス	ジーメンス	S	$m^{-2}\,kg^{-1}\,s^{3}\,A^{2} = \Omega^{-1}$
磁　束	ウェーバ	Wb	$m^{2}\,kg\,s^{-2}\,A^{-1} = V\,s$
磁束密度	テスラ	T	$kg\,s^{-2}\,A^{-1} = V\,s\,m^{-2}$
インダクタンス	ヘンリー	H	$m^{2}\,kg\,s^{-2}\,A^{-2} = V\,A^{-1}\,s$
セルシウス温度[a]	セルシウス度	℃	K
平面角	ラジアン	rad	1
立体角	ステラジアン	sr	1

a：セルシウス温度 θ は，基本単位の積や商では表せず，$\theta/℃ = T/K - 273.15$ で定義される。

表3　SI接頭語

倍数	接頭語	記号	倍数	接頭語	記号
10	デカ	da	10^{-1}	デシ	d
10^2	ヘクト	h	10^{-2}	センチ	c
10^3	キロ	k	10^{-3}	ミリ	m
10^6	メガ	M	10^{-6}	マイクロ	μ
10^9	ギガ	G	10^{-9}	ナノ	n
10^{12}	テラ	T	10^{-12}	ピコ	p
10^{15}	ペタ	P	10^{-15}	フェムト	f
10^{18}	エクサ	E	10^{-18}	アト	a
10^{21}	ゼタ	Z	10^{-21}	ゼプト	z
10^{24}	ヨタ	Y	10^{-24}	ヨクト	y
10^{27}	ロナ	R	10^{-27}	ロント	r
10^{30}	クエタ	Q	10^{-30}	クエクト	q

注：10^3 kg や 10^{-6} kg のことは 1 kkg とか 1 μkg とは書かずにそれぞれ 1 Mg, 1 mg と記述する。また，接頭語と単位の間にスペースをあけてはいけない。たとえば，m A と書くと，これはミリアンペアではなく，メートル×アンペア という意味になる。

　本書では，原則として SI 単位を使用するが，例外的に溶液の濃度には M（モーラーまたはモル濃度：1 M = 1 mol dm^{-3}）を用いる場合がある。また，一部において，エネルギーの単位として eV（電子ボルト）を採用している。1 eV は，「真空中で単位電圧（1 V）の電位差を電子が通過することによって得る運動エネルギー」と定義され，1.602177×10^{-19} J に相当する。

表4　基本物理定数の値

物 理 量	記号	数 値	単位
真空中の光速 [a]	c	2.99792458×10^8	m s^{-1}
電気素量 [a]	e	$1.602176634 \times 10^{-19}$	C
プランク定数 [a]	h	$6.62607015 \times 10^{-34}$	J s
アボガドロ定数 [a]	N_A, L	$6.02214076 \times 10^{23}$	mol^{-1}
ボルツマン定数 [a]	k_B, k	1.380649×10^{-23}	J K^{-1}
気体定数 [b]	$R = k_B N_A$	8.31446261815324	J K^{-1}mol^{-1}
ファラデー定数 [b]	$F = eN_A$	$9.64853321233100184 \times 10^4$	C mol^{-1}
標準大気圧 [a]	atm	101325	Pa
真空の透磁率	μ_0	$1.25663706212 \times 10^{-6}$	N A^{-2}
真空の誘電率	$\varepsilon_0 = \dfrac{1}{\mu_0 c^2}$	$8.8541878128 \times 10^{-12}$	F m^{-1}
電子の質量	m_e	$9.1093837015 \times 10^{-31}$	kg
陽子の質量	m_p	$1.67262192369 \times 10^{-27}$	kg
中性子の質量	m_n	$1.67492749804 \times 10^{-27}$	kg
原子質量定数	m_u	$1.66053906660 \times 10^{-27}$	kg
水の三重点	$T_{tp}(H_2O)$	273.16	K

a：定義された厳密な値
b：定義された厳密な値の積

表 5　主な元素の原子量（小数第二位で四捨五入）

原子番号	元素記号	原子量	原子番号	元素記号	原子量	原子番号	元素記号	原子量
1	H	1.0	30	Zn	65.4	59	Pr	140.9
2	He	4.0	31	Ga	69.7	60	Nd	144.2
3	Li	6.9 ～ 7.0	32	Ge	72.6	61	Pm	(145)
4	Be	9.0	33	As	74.9	62	Sm	150.4
5	B	10.8	34	Se	79.0	63	Eu	152.0
6	C	12.0	35	Br	79.9	64	Gd	157.3
7	N	14.0	36	Kr	83.8	65	Tb	158.9
8	O	16.0	37	Rb	85.5	66	Dy	162.5
9	F	19.0	38	Sr	87.6	67	Ho	164.9
10	Ne	20.2	39	Y	88.9	68	Er	167.3
11	Na	23.0	40	Zr	91.2	69	Tm	168.9
12	Mg	24.3	41	Nb	92.9	70	Yb	173.1
13	Al	27.0	42	Mo	96.0	71	Lu	175.0
14	Si	28.1	43	Tc	(99)	72	Hf	178.5
15	P	31.0	44	Ru	101.1	73	Ta	180.9
16	S	32.1	45	Rh	102.9	74	W	183.8
17	Cl	35.5	46	Pd	106.4	75	Re	186.2
18	Ar	39.9	47	Ag	107.9	76	Os	190.2
19	K	39.1	48	Cd	112.4	77	Ir	192.2
20	Ca	40.1	49	In	114.8	78	Pt	195.1
21	Sc	45.0	50	Sn	118.7	79	Au	197.0
22	Ti	47.9	51	Sb	121.8	80	Hg	200.6
23	V	50.9	52	Te	127.6	81	Tl	204.4
24	Cr	52.0	53	I	126.9	82	Pb	207.2
25	Mn	54.9	54	Xe	131.3	83	Bi	209.0
26	Fe	55.8	55	Cs	132.9	90	Th	232.0
27	Co	58.9	56	Ba	137.3	91	Pa	231.0
28	Ni	58.7	57	La	138.9	92	U	238.0
29	Cu	63.5	58	Ce	140.1			

注：かっこ内に示したものは，安定同位体がなく，天然で特定の同位体組成を示さない元素で，質量数の一例である。

表6 ポーリングの電気陰性度(eV$^{1/2}$)

H 2.1							
Li 1.0	Be 1.5	B 2.0		C 2.5	N 3.0	O 3.5	F 4.0
Na 0.9	Mg 1.2	Al 1.5		Si 1.8	P 2.1	S 2.5	Cl 3.0
K 0.8	Ca 1.0	Sc 1.3	Ti – Ga 1.7±0.2	Ge 1.8	As 2.0	Se 2.4	Br 2.8
Rb 0.8	Sr 1.0	Y 1.2	Zr – In 1.8±0.4	Sn 1.8	Sb 1.9	Te 2.1	I 2.5
Cs 0.7	Ba 0.9	La – Lu 1.2±0.1	Hf – Tl 1.9±0.6	Pb 1.8	Bi 1.9	Po 2.0	At 2.2
Fr 0.7	Ra 0.9	Ac 1.1	Th → 1.5±0.2				

表7 代表的な化合物の標準生成エンタルピー(25℃)

物　質	化学式	状態	標準生成エンタルピー $\Delta_f H°$/ kJ mol^{-1}
水	H_2O	液体	−285.8
一酸化炭素	CO	気体	−110.5
二酸化炭素	CO_2	気体	−393.5
一酸化窒素	NO	気体	+91.3
二酸化窒素	NO_2	気体	+33.2
四酸化二窒素	N_2O_4	気体	+9.2
アンモニア	NH_3	気体	−46.1
メタン	CH_4	気体	−74.6
エタン	C_2H_6	気体	−84.7
エテン(エチレン)	C_2H_4	気体	+52.3
エチン(アセチレン)	C_2H_2	気体	+226.7
ベンゼン	C_6H_6	液体	+49.0
メタノール	CH_3OH	液体	−238.6
エタノール	C_2H_5OH	液体	−277.6

表8　代表的な単体および化合物の標準エントロピー(25℃)

物　質	化学式	状態	標準エントロピー $S°/\mathrm{J\,K^{-1}\,mol^{-1}}$
ヘリウム	He	気体	126.2
水　素	H_2	気体	130.7
窒　素	N_2	気体	191.6
酸　素	O_2	気体	205.2
水	H_2O	液体	69.9
一酸化炭素	CO	気体	197.9
二酸化炭素	CO_2	気体	213.6
一酸化窒素	NO	気体	210.8
二酸化窒素	NO_2	気体	240.0
四酸化二窒素	N_2O_4	気体	304.2
アンモニア	NH_3	気体	192.5
メタン	CH_4	気体	186.2
エタン	C_2H_6	気体	229.5
エテン(エチレン)	C_2H_4	気体	219.5
エチン(アセチレン)	C_2H_2	気体	200.8
ベンゼン	C_6H_6	液体	173.4
メタノール	CH_3OH	液体	126.8
エタノール	C_2H_5OH	液体	159.9

表9　元素の周期表

	1	2	3	4	5	6	7	8	9	10	11	12	13	14	15	16	17	18
1	1 H 水素 1.008																	2 He ヘリウム 4.003
2	3 Li リチウム 6.9〜7.0	4 Be ベリリウム 9.012											5 B ホウ素 10.8	6 C 炭素 12.01	7 N 窒素 14.01	8 O 酸素 16.00	9 F フッ素 18.998	10 Ne ネオン 20.180
3	11 Na ナトリウム 22.990	12 Mg マグネシウム 24.31											13 Al アルミニウム 26.982	14 Si ケイ素 28.09	15 P リン 30.974	16 S 硫黄 32.1	17 Cl 塩素 35.4〜35.5	18 Ar アルゴン 39.948
4	19 K カリウム 39.098	20 Ca カルシウム 40.078	21 Sc スカンジウム 44.956	22 Ti チタン 47.867	23 V バナジウム 50.942	24 Cr クロム 51.996	25 Mn マンガン 54.938	26 Fe 鉄 55.845	27 Co コバルト 58.933	28 Ni ニッケル 58.693	29 Cu 銅 63.546	30 Zn 亜鉛 65.38	31 Ga ガリウム 69.723	32 Ge ゲルマニウム 72.630	33 As ヒ素 74.922	34 Se セレン 78.971	35 Br 臭素 79.90	36 Kr クリプトン 83.798
5	37 Rb ルビジウム 85.468	38 Sr ストロンチウム 87.62	39 Y イットリウム 88.906	40 Zr ジルコニウム 91.224	41 Nb ニオブ 92.906	42 Mo モリブデン 95.95	43 Tc テクネチウム (99)	44 Ru ルテニウム 101.07	45 Rh ロジウム 102.906	46 Pd パラジウム 106.42	47 Ag 銀 107.868	48 Cd カドミウム 112.414	49 In インジウム 114.818	50 Sn スズ 118.710	51 Sb アンチモン 121.760	52 Te テルル 127.60	53 I ヨウ素 126.904	54 Xe キセノン 131.293
6	55 Cs セシウム 132.905	56 Ba バリウム 137.327	Lanthanoid ランタノイド	72 Hf ハフニウム 178.49	73 Ta タンタル 180.948	74 W タングステン 183.84	75 Re レニウム 186.207	76 Os オスミウム 190.23	77 Ir イリジウム 192.217	78 Pt 白金 195.084	79 Au 金 196.967	80 Hg 水銀 200.592	81 Tl タリウム 204.4	82 Pb 鉛 207.2	83 Bi ビスマス 208.980	84 Po ポロニウム (210)	85 At アスタチン (210)	86 Rn ラドン (222)
7	87 Fr フランシウム (223)	88 Ra ラジウム (226)	Actinoid アクチノイド	104 Rf ラザホージウム (267)	105 Db ドブニウム (268)	106 Sg シーボーギウム (271)	107 Bh ボーリウム (272)	108 Hs ハッシウム (277)	109 Mt マイトネリウム (276)	110 Ds ダームスタチウム (281)	111 Rg レントゲニウム (280)	112 Cn コペルニシウム (285)	113 Nh ニホニウム (286)	114 Fl フレロビウム (289)	115 Mc モスコビウム (289)	116 Lv リバモリウム (293)	117 Ts テネシン (294)	118 Og オガネソン (294)

Lanthanoid ランタノイド	57 La ランタン 138.905	58 Ce セリウム 140.116	59 Pr プラセオジム 140.908	60 Nd ネオジム 144.242	61 Pm プロメチウム (145)	62 Sm サマリウム 150.36	63 Eu ユウロピウム 151.964	64 Gd ガドリニウム 157.25	65 Tb テルビウム 158.925	66 Dy ジスプロシウム 162.500	67 Ho ホルミウム 164.930	68 Er エルビウム 167.259	69 Tm ツリウム 168.934	70 Yb イッテルビウム 173.054	71 Lu ルテチウム 174.967
Actinoid アクチノイド	89 Ac アクチニウム (227)	90 Th トリウム 232.038	91 Pa プロトアクチニウム 231.036	92 U ウラン 238.029	93 Np ネプツニウム (237)	94 Pu プルトニウム (239)	95 Am アメリシウム (243)	96 Cm キュリウム (247)	97 Bk バークリウム (247)	98 Cf カリホルニウム (252)	99 Es アインスタイニウム (252)	100 Fm フェルミウム (257)	101 Md メンデレビウム (258)	102 No ノーベリウム (259)	103 Lr ローレンシウム (262)

斜体は安定同位体が存在しない元素

下段に原子量を示す。天然で特定の同位体組成を示さない元素については、括弧内に放射性同位体の質量数の一例を示す。

執筆者略歴（50音順）

伊 藤 省 吾
（い とう せい ご）
2000年　東京大学大学院工学系研究科博
　　　　士課程単位取得中退
現　在　兵庫県立大学大学院工学研究科
　　　　教授　博士（工学）

植 田 一 正
（うえ だ かず まさ）
1995年　大阪大学大学院理学研究科博士
　　　　課程修了
現　在　静岡人学学術院工学領域教授
　　　　博士（理学）

梅 本 宏 信（編者）
（うめ もと ひろ のぶ）
1980年　東京工業大学大学院理工学研
　　　　科博士課程修了
現　在　静岡大学名誉教授
　　　　理学博士

神 田 一 浩
（かん だ かず ひろ）
1987年　東京大学大学院理学系研究科修
　　　　士課程修了
現　在　兵庫県立大学高度産業科学技術
　　　　研究所教授　博士（理学）

新 部 正 人
（にい べ まさ ひと）
1984年　北海道大学大学院理学研究科博
　　　　士課程修了
現　在　東京大学物性研究所極限コヒー
　　　　レント光科学研究センター特任
　　　　研究員　理学博士

原 田 茂 治
（はら だ しげ はる）
1976年　北海道大学大学院理学研究科博
　　　　士課程単位取得退学
現　在　静岡県立大学名誉教授
　　　　理学博士

平 川 和 貴
（ひら かわ かず たか）
2000年　東京大学大学院総合文化研究科
　　　　博士課程修了
現　在　静岡大学学術院工学領域教授
　　　　博士（学術）

藤 本 忠 蔵
（ふじ もと ちゅう ぞう）
1982年　豊橋技術科学大学大学院工学研
　　　　究科修士課程修了
現　在　浜松医科大学医学部教授
　　　　工学博士

宮 林 恵 子
（みや ばやし けい こ）
1997年　大阪大学大学院工学研究科博士
　　　　前期課程修了
現　在　静岡大学学術院工学領域准教授
　　　　博士（工学）

盛 谷 浩 右
（もり たに こう すけ）
2003年　大阪大学大学院理学研究科博士
　　　　後期課程修了
現　在　兵庫県立大学大学院工学研究科
　　　　准教授　博士（理学）

ⓒ　伊藤・植田・梅本・神田・新部　2018
　　原田・平川・藤本・宮林・盛谷

2018年 3 月31日　初 版 発 行
2023年 2 月20日　初版第 4 刷発行

演習・基礎から学ぶ
大 学 の 化 学

編 者　梅 本 宏 信
発行者　山 本　　格

発 行 所　株式会社　培 風 館
東京都千代田区九段南 4-3-12・郵便番号 102-8260
電 話(03)3262-5256(代表)・振 替 00140-7-44725

平文社印刷・牧 製本

PRINTED IN JAPAN

ISBN 978-4-563-04630-9　C3043